▼ 탈레스

노벨상

가

# 합동과 닮음에 대해서

채병하 지음 박정환 그림

# 추천사

## 노벨상의 주인공을 기다리며

『노벨상 수상자와 TALK 합시다』 시리즈는 제목만으로도 현대 인터넷 사회의 노벨상급 대화입니다. 존경과 찬사의 대상이 되는 노벨상 수상자 그리고 수학자들에게 호기심 어린 질문을 하고, 자상한 목소리로 차근차근 알기 쉽게 설명하는 책입니다. 미래를 짊어지고 나아갈 어린이 여러분들이 과학 기술의 비타민을 느끼기에 충분합니다.

21세기 대한민국의 과학 기술은 이미 세계화를 이룩하고, 전통 과학 기술을 첨단으로 연결하는 수많은 독창적 성과를 창출해 나가고 있습니다. 따라서 개인은 물론 국가와 민족에게도 큰 긍지를 주는 노벨상의 수상자가 우리나라의 과학 기술 분야에서 곧 배출될 것으로 기대되고 있습니다.

우리나라의 현대 과학 기술력은 세계 6위권을 자랑합니다. 국제 사회가 인정하는 수많은 훌륭한 한국 과학 기술인들이 세

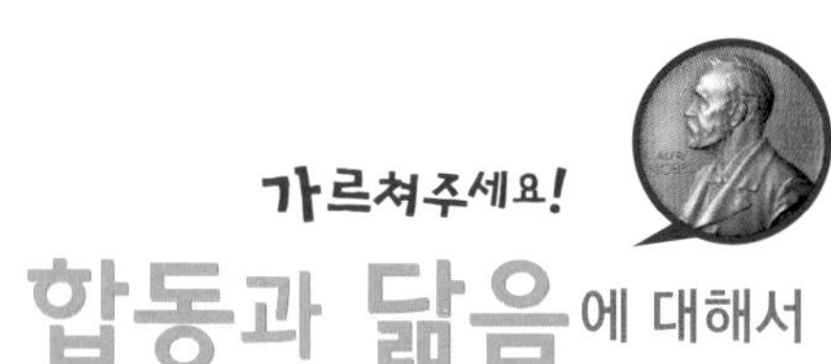
가르쳐주세요!
합동과 닮음에 대해서

가르쳐주세요!

# 합동과 닮음에 대해서



초  판 1쇄 발행일 2008년 1월 15일
개정판 1쇄 발행일 2017년 5월 15일

지은이 채병하  삽화 박정환
펴낸이 김지영  펴낸곳 지브레인Gbrain
마케팅 조명구  제작 · 관리 김동영

출판등록 2001년 7월 3일 제2005-000022호
주소 04047 서울시 마포구 어울마당로 5길 25-10 유카리스티아빌딩 3층
전화 (02)2648-7224  팩스 (02)2654-7696

ISBN 978-89-5979-372-3 (04410)
978-89-5979-422-5 (04400) SET

• 책값은 뒷표지에 있습니다.
• 잘못된 책은 교환해 드립니다.

계 곳곳에서 중추적 역할을 담당하며 활약하고 있습니다.

우리나라의 과학 기술 토양은 충분히 갖추어졌으며 이 땅에서 과학의 꿈을 키우고 기술의 결실을 맺는 명제가 우리를 기다리고 있습니다. 노벨상 수상의 영예는 바로 여러분 한명 한명이 모두 주인공이 될 수 있는 것입니다.

『**노벨상 수상자와 TALK 합시다**』는 여러분의 꿈과 미래를 실현하기 위한 소중한 정보를 가득 담은 책입니다. 어렵고 복잡한 과학 기술 세계의 궁금증을 재미있고 친절하게 풀고 있는 만큼 이 시리즈를 통해서 과학 기술의 여행에 빠져 보십시오.

과학 기술의 꿈과 비타민을 듬뿍 받은 어린이 여러분이 당당히 '노벨상'의 주인공이 되고 세계 인류 발전의 수역이 되기를 기원합니다.

국립중앙과학관장 공학박사 **조청원**

필즈상은

## 수학의 노벨상 '필즈상'

자연과학의 바탕이 되는 수학 분야는 왜 노벨상에서 빠졌을까요? 노벨이 스웨덴 수학계의 대가인 미타크 레플러와 사이가 나빴기 때문이라는 설, 발명가 노벨이 순수수학의 가치를 몰랐다는 설 등 그 이유에는 여러 가지 설이 있어요.

그래서 1924년 개최된 국제 수학자 총회(ICM)에서 캐나다 출신의 수학자 존 찰스 필즈(1863~1932)가 노벨상에 버금가는 수학상을 제안했어요. 수학 발전에 우수한 업적을 성취한 2~4명의 수학자에게 ICM에서 금메달을 수여하자는 것이죠. 필즈는 금메달을 위한 기초 자금을 마련하면서, 자기의 전 재산을 이 상의 기금으로 내놓았답니다. 필즈상은 현재와 특히 미래의 수학 발전에 크게 공헌한 수학자에게 수여됩니다. 그런데 수상자의 연령은 40세보다 적어야 해요. 그래서 필즈상은

필즈상 메달

노벨상보다 기준이 더욱 엄격하지요. 이처럼 엄격한 필즈상을 일본은 이미 몇 명의 수학자가 받았고, 중국의 수학자도 수상한 경력이 있어요. 하지만 안타깝게도 아직까지 우리나라에서는 필즈상을 받은 수학자가 없답니다.

어린이 여러분! 이 시리즈에 소개되는 수학자들은 시대를 초월하여 수학 역사에 매우 큰 업적을 남긴 사람들입니다. 우리가 학교에서 배우는 교과서에는 이들이 연구한 수학 내용들이 담겨 있지요. 만약 필즈상이 좀 더 일찍 설립되었더라면 이 시리즈에서 소개한 수학자들은 모두 필즈상을 수상했을 겁니다. 필즈상이 설립되기 이전부터 수학의 발전을 위해 헌신한 위대한 수학자를 만나 볼까요? 선생님은 여러분들이 이 책을 통해 훗날 필즈상의 주인공이 될 수 있기를 기원해 봅니다.

여의초등학교 **이운영** 선생님

# 탈레스Thales

B.C. 640~B.C. 546

탈레스는 고대 그리스의 철학자이자 수학자이며, 천문학자였습니다. 밀레투스에서 태어났으며 고대 그리스의 칠현인 중 한 명으로 알려져 있습니다. 이미 소크라테스 이전에 '철학자'라는 칭호를 얻은 최초의 인물로 유명하며 그리스 최초의 철학자, 수학자, 과학자로 불립니다.

고대 그리스 현인들은 일찍 문명이 발달한 이집트에서 지식을 배우는 것을 중요하게 여겼습니다. 탈레스도 역시 이집트와 바빌론에서 천문학과 기하학의 지식을 배우게 되었습니다. 이렇게 배운 지식을 그리스에 전수하게 되었던 것입니다. 탈레스는 여행을 많이 다녔던 것으로 보아 무역에 종사하는 대단히 성공한 상인이었을 것

으로 여겨집니다. 그는 여행 중 이집트에 들렀을 때 수학적 지식이나 토지측량술 등을 배우고, 이후 정치가로 활동하다 결국은 철학자이자 수학자이며, 천문학자로서 남은 생을 보냈습니다.

그는 만물의 근원을 '물'로 보고, 지구는 물 위에 떠 있는 편평한 판이라고 생각했습니다. 지구 판이 대양 위에서 떠다니다 물의 파동으로 진동이 커진 것이 지진이라고 여길 정도였습니다. 이러한 이유로 탈레스를 물의 철학자라고 부르기도 합니다.

그리고 그는 '세상의 모든 것은 신으로 가득 차 있다'라고 했습니다. 탈레스는 신을 믿으면서 이를 자연에 근거하여 설명하려 하였습니다. 그래서 아리스토텔레스는 탈레스를 '자연철학의 개척자'라고 하기도 했습니다.

탈레스는 근본적인 기하 원리들을 발견하기도 했습니다. 이것은 이집트로부터 얻어진 것임에는 틀림없지만 관찰이나 실험 대신에 어느 정도의 확실한 논리적인 추론으로 이 사실을 입증했다는 점에서 그리스 수학의 기초를 형성했습니다. 이처럼 탈레스는 철학과 수학, 과학 등 여러 방면에서 업적을 남겼습니다.

이제 여러분은 '비례의 신'인 탈레스와 **TALK**을 통하여 합동, 닮음, 비례 등에 대해서 알아보게 될 것입니다. 우선 탈레스라는 수학자는 어떤 사람인지 그의 여러 가

지 일화를 통해 알아보고, 어떻게 수학을 공부하게 되었는지, 합동과 닮음비, 비례식 등이 어디에 사용되는지에 대해서 알아볼 것입니다.

이 책을 통해서 여러분은 옛날 수학자의 놀라운 아이디어와 그로 인한 생활의 이로움에 대한 여러 가지 지식들을 얻을 수 있을 것입니다. 그리고 이를 통해 여러분은 수학을 바라보는 새로운 시선을 얻을 것입니다.

자! 그럼 탈레스와 **TALK**을 통해 지식을 넓혀 봅시다.

# 차례

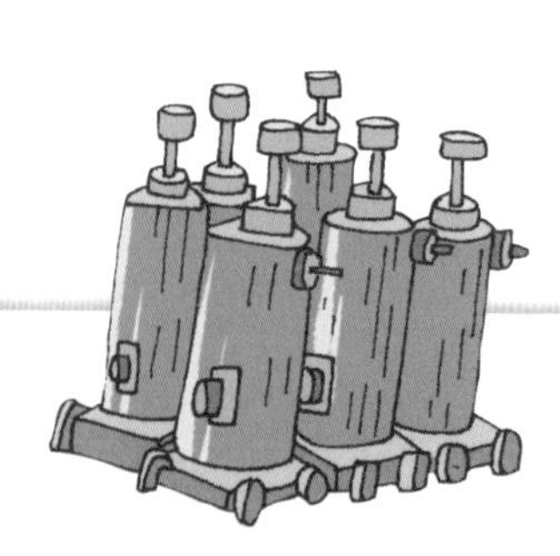

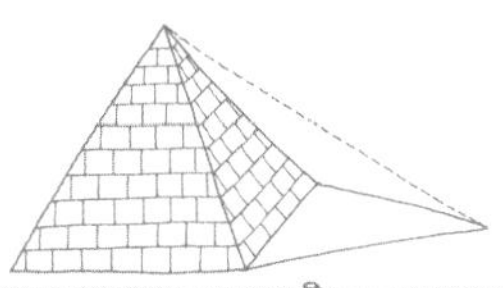

제01장

# 탈레스는 왜 멀티플레이어일까요?

### 교과 연계

- 철학 · 수학 · 천문학 등 여러 방면으로 능력이 뛰어났던 탈레스는 배운 지식에서 새로운 원리를 발견하거나 실생활에 적용하는 데 뛰어났다.
- 끊임없는 노력으로 그리스 수학의 시조가 되었다.

### 학습 목표

탈레스는 한 가지 분야만 공부한 것이 아니라, 철학·수학·천문학 등 여러 분야에서 열심히 공부했다. 그리고 배운 지식을 이용해서 새로운 원리를 발견하거나 실생활에 적용시켜서 생활을 편리하게 만들어 주었다. 이런 노력으로 유명한 철학자이자, 수학자, 천문학자가 된 탈레스에 대해서 살펴본다.

열정 선생님에 대한 이야기가 실린 책을 읽었는데 거기에서는 선생님을 '물의 철학자'라고 하던데요. 왜 그렇죠?

탈레스 사람들은 나를 한마디로 최초의 철학자이자 수학자로 부르고 있죠. 나는 먼 옛날, 지금으로부터 약 2500년 전쯤에 밀레투스라는 해안 도시에서 태어나 어려서부터 물을 많이 봐 왔어요. 그래서 나는 '만물의 근원은 물'이라고 주장했지요. '지구는 물 위에 떠 있다'라고 생각했고 물을 굉장히 중요하게 여겼더니 사람들이 '물의 철학자'라고 부르더군요.

열정 그렇군요! 선생님은 물을 중요시 하는 만큼 물이 오염되는 걸 무척 싫어하시겠네요. 그럼 선생님에 대해서 빨리 알 수 있고, 쉽게 친해질 수 있는 이야기는 없나요?

탈레스 허허허! 있지요. 열정 학생이 이미 알고 있지 않을까 싶은데…….

나는 소금과 기름을 파는 상인이었어요. 소금을 팔려고 당나귀 등에 잔뜩 싣고 장으로 가는 길에 강을 하나 건너게 되었는데, 무거운 소금을 싣고 먼 길을 걸어온 당나귀는 몹시 지쳐 강을 건너다가 그만 잘못하여 물속에 빠지고 말았어요. 금방 일어난 당나귀는 등 위의 소금이 조금 가벼워진 것을 알았죠. 물에 빠진 동안 소금이 녹아버린 거예요.

'이럴 줄 알았으면 조금 더 물속에 있을 걸 그랬다.' 당나귀는 마음속으로 후회를 했죠.

장에 도착해서 소금을 팔고 다시 콩을 사서 당나귀에게 신자, 당나귀는 빨리 강에 도착하기를 애타게 기다렸어요. 이번에는 물속에 좀 더 오래 있어 편하게 갈 생각이었던 모양이에요.

마침내 강에 다다르자 당나귀는 속으로 기뻐하며 강을 건너기 시작하다가 강의 중간쯤 왔을 때 넘어졌어요. 그러고는 내가 채찍을 들어 때릴 때까지 되도록 오랫동안 앉아 있었어요.

"어서 일어나라. 해가 지기 전에 빨리 집에 돌아가야지."

당나귀는 그제야 천천히 일어서기 시작했어요. 그런데 훨씬 가벼워졌으리라 생각한 짐이 오히려 더 무거워진 거예요. 당나귀는 이유를 몰라 어리둥절했어요.

"흥, 이 어리석은 당나귀야, 콩은 물속에 들어가면 불어서 더 무거워진다는 것을 알아야지."

당나귀는 제 꾀에 자신이 넘어간 것을 부끄러워했어요. 이 이야기를 열정 학생은 이솝 우화로 알고 있지요? 그런데 사실 이 이야기의 주인공은 바로 나예요.

열정 저는 그동안 정말 이솝우화로만 알고 있었어요. 그런데 선생님은 철학자이신데, 어떻게 수학자가 되셨나요?

탈레스 나는 철학자이면서 수학에도 관심이 많았어요. 직업이 상인이다 보니 여러 지역을 돌아다닐 수 있었어요. 그러던 어느 날 지중해를 건너 먼 이집트로 갈 기회를 얻게 되어서 매우 기뻤어요. 오래전부터 이집트의 고전에 관심이 많아서 꼭 가보고 싶었거든요. 무엇보다도 나는 이집트의 피라미드에 관심이 많았어요. '어떻게 저렇게 커다란 것을 인간이 만들 수 있을까?' 하고 피라미드에 깊은 감명을 받고 있었답니다.

그런데 어느 한 이집트인으로부터 아직 아무도 본 적이 없는, 옛날부터 전해오는 불가사의한 책이 있다는 이야기를 듣게 되었어요. 나는 무슨 수를 써서라도 그 책을 꼭 보아야겠다고 마음먹었어요. 그래서 이집트에 도착하자마자 그 책이 어디에 있는지 물어보았고, 그 결과 어느 사원의 창고에 숨겨져 있다는 사실을 알아냈지요. 그래서 기쁨에 넘쳐 그 사원의 승려에게 달려가 그 책을 볼 수 있게 해 달라고 부탁했어요. 그런데 승려는 그 책을 보여 주려 하지 않았어요. 그래도 그 책이 꼭 보고 싶은 마음에 포기하지 않고 계속 부탁했어요. 승려는 결국 그 책을 볼 수 있도록 허락을 해 주었어요. 이 책은 수학과 천문학에 관한 책이었어요. 나는 그 방면에

대해서 평소부터 연구해왔기 때문에 꿈에서도 읽을 만큼 그 책을 열심히 읽어 책 내용을 모두 이해했답니다. 이집트의 수학과 천문학에 대해 공부를 할 수 있었던 거지요.

나는 열심히 공부하여 그리스에 처음으로 기하학을 전했어요. 기하학은 도형에 대해서 공부하는 수학의 한 분야인데 근본적인 기하 원리들도 발견했답니다. 내가 발견한 원리들은 다음과 같아요.

① 원은 임의의 지름으로 이등분된다.

② 이등변삼각형의 두 밑각은 서로 같다.

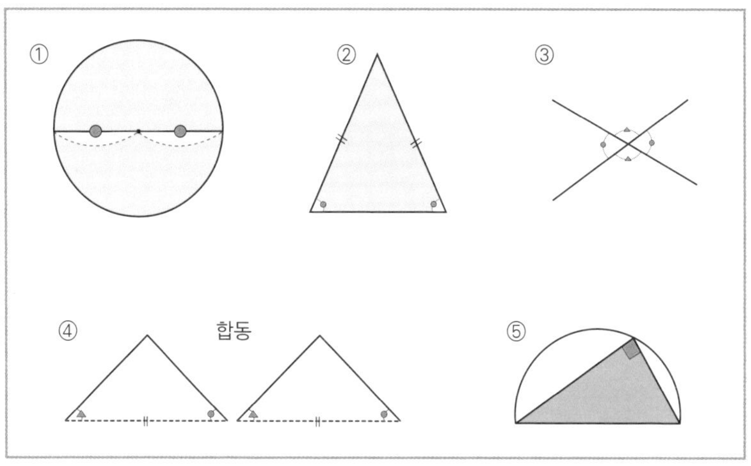


③ 교차하는 두 직선에 의해 형성된 두 맞꼭지각은 서로 같다.

④ 두 삼각형에서 대응하는 두 각이 서로 같고, 대응하는 한 변이 서로 같으면 그 두 삼각형은 합동이다.

⑤ 반원에 내접하는 각은 직각이다.

내가 이러한 것들을 발견하고 나서부터 피타고라스, 유클리드에 의해 기하학은 발전하기 시작했어요.

고대 이집트인은 홍수로 나일 강이 범람한 후에는 도지를 다시 나누려면 측량이 필요했어요. 이러한 토지의 측량을 위하여 도형을 연구하기 시작했는데 이것이 기하학의 기원이지요.

열정 그림 선생님은 유비가 제갈공명을 만나기 위해 삼고초려를 한 것처럼 승려 앞에서 삼고초려 하신 거네요. 그런데 선생님은 예언도 하시나요?

탈레스 예언이라기보다는 철학과 수학뿐만 아니라 천문학에도 관심이 많았어요. 그 당시 사람들이 나에게 질문을 했어요. "일 년은 며칠인가요?" 그래서 나는 "일 년은 365일입니다. 그리고 나는 태양과 달이 어떻게 움직이는지도 알고 있습니다. 기원전 585년 5월 28일에 개기일식이 있을 것입니다. 대낮에 태양이 사라져 온통 세상이 깜깜해질 것이니 그날은 창문을 닫지 말고 지내시기 바

랍니다. 그리고 이날 메디아와 리디아의 전쟁이 끝날 것입니다"라고 말했어요.

사람들은 모두 의심하는 눈초리로 그날이 오기만을 기다렸어요. 그때까지만 해도 월식의 주기는 알려져 있었어도 일식은 알려져 있지 않았기 때문이에요.

마침내 그날이 왔어요. 한낮에 하늘은 갑자기 밤이 온 것처럼 어두워졌어요. 마을 사람들은 모두 놀라워했고, 메디아와 리디아의 장군들은 이대로 전쟁을 계속하면 신의 노여움을 사게 될 것이라고 생각하고 전쟁을 멈추었어요.

이러한 이유로 나는 천문학자로도 유명해지게 되었어요.

열정 선생님은 철학도 하시고, 수학도 하시고, 천문학도 하시고 다양한 일을 하셨으면, 돈도 많이 벌어서 부자였겠네요?

탈레스 나는 공부를 하느라 부자는 아니었는데, 부자가 된 계기가 있었어요. 그 계기에 대해서 이야기해 줄게요. 잘 들어보세요.

나는 자주 하늘을 쳐다보면서 연구에 열중하곤 했어요. 그날 저녁에도 하늘을 올려보고 별의 움직임을 관측하며 걸어가고 있었어요. 그렇게 밤하늘만 쳐다보고 걷다가 갑자기 '풍덩' 하는 소리가 들렸어요. 소리에 놀라 주위를 둘러보니 내가 그만 별에 정신을 팔고 걷다가 웅덩이에 빠지고 말았던 거예요.

정신을 차리고 집에 돌아와서 노파에게 이야기했더니, 노파는 웃으면서 "당신은 세상 사람들에게 현자라고 불리지만, 자신은 바로 눈앞의 일도 알지 못하면서 어찌 하늘의 일까지 알려고 하는가?"라고 이야기했어요.

이 소문은 금방 퍼지기 시작했어요. 마을 사람들은 이렇게 이야기하기 시작했어요. "탈레스는 아는 것도 많은데, 도무지 실속이 없단 말이야. 허구한 날 하늘을 쳐다보고 사니 말이야. 그러니까 웅덩이에 빠지지. 현실을 정말 모른다니까. 그렇게 똑똑한 사람이 가난하게 사는 거 보면 쓸모없는 철학을 해서 그런가 봐." "탈레스가 저렇게 가난하게 사는 건 아마도 철학 때문일 거야. 머리도 좋은 사람이 돈 벌 생각은 안 하고, 철학같이 쓸데없는 일에 빠져서 세월을 허비하다니 참 안타깝군."

이 일을 계기로 나는 돈을 벌기로 결심했어요. 내가 가지고 있는 지식으로 돈을 벌어서 철학과 수학, 천문학이 얼마

나 위대한지 보여 주기로 마음먹은 거죠.

우선 하늘을 관찰해 보니 다음 해에 올리브 수확이 많을 것으로 예상되었어요. 그래서 올리브기름을 짜는 기계를 사들이기 시작했지요. 그동안 올리브 수확이 적어서 사람들은 기계를 싼 가격으로 서로 팔려고 해 나는 마을에 있는 모든 기계들을 사들였어요.

역시 다음 해 올리브 농사는 풍년이었어요. 사람들은 올리브기름을 짜기 위해 기계가 필요했지요. 그러나 마을에 있는 모든 기계를 내가 사버렸기 때문에 사람들은 나한테 기계를 빌리러 왔어요. 그래서 비싼 가격으로 기계를 빌려주어 돈을 많이 벌었답니다. 그랬더니 사람들은 더 이상 나를 철학만 하고 시간을 허비하는 사람이라고 놀리지 않았어요. 이 일화를 아리스토텔레스는 "마음만 먹으면 부자가 될 수 있다. 그러나 학자의 목적은 부자가 되는 데 있지 않다는 것을 탈레스는 세상 사람들에게 가르쳐주었던 것이다"라고 설명했어요.

**열정** 이제 선생님에 대해서 조금은 알 듯 싶어요. 선생님하고 열심히 공부했으면 좋겠어요.

**탈레스** 나는 이렇게 듣고 보는 모든 현상을 주의 깊게 관찰하고, 그 속에 숨어 있는 규칙성을 발견하기 위해 열심히 노력했어요. 사원에서 책을 빌렸을 때도 그 책의 내용이 이해될 때까지 열심히 읽고, 공부했어요. 사원의 승려들도 그 책을 읽었겠지만 나처럼 읽지는 않았을 거예요.

이처럼 하나를 공부하더라도 그것을 이해할 때까지 끊임없이 노력했기 때문에 그리스 수학의 시조가 될 수 있었던 거예요. 그래서 열정 학생하고 열심히 공부를 하고 싶어요. 그러니 이제부터 선생님하고 합동, 닮음, 비례 등에 대해서 공부를 시작해 봐요.

제01장

## 핵심정리

- 탈레스는 철학, 수학, 천문학 등 여러 방면에서 열심히 공부하고 노력하는 사람이었다.

- 탈레스는 한 가지만 공부한 것이 아니라, 여러 분야에서 열심히 공부한 사람이다. 이렇게 다방면에 뛰어난 사람을 요즘은 멀티플레이어라고 부른다. 예를 들어 축구에서 수비도 하고, 공격도 하는 선수들은 멀티플레이어다. 그런 면에서 탈레스는 멀티플레이어라고 볼 수 있다.

- 탈레스는 배운 지식을 통해 새로운 원리를 발견해내기도 하고, 실생활에 적용하기도 했다. 이런 노력이 탈레스를 유명한 철학자이자, 수학자, 천문학자로 만들었다.

- 탈레스는 하나를 공부하더라도 그것이 이해될 때까지 끊임없이 노력했기 때문에 그리스 수학의 시조가 될 수 있었다.

선생님이 어떤 분이신지
궁금해요!
나는
'물의
철학자'
탈레스
라고 해요.

물을 매우
중요하게 생각해서
사람들이 나를
'물의 철학자'라고
부르죠.

어휴! 왜
이렇게
무겁지?
여러분이 알고
있는 당나귀
이야기가 사실은
내 이야기지요.

나는 특히 수학을
공부하기 위해서
많이 노력했어요.
사원에
있는 책을
빌려 주십시오.
돌아
가시오.

여러 가지
기하 원리들도
발견
했어요.

해야!
사라져라.
나는 개기
일식을 예언
하기도 했고,

별을 관찰하다가
웅덩이에 빠지기도
했어요.

철학, 수학, 천문학
등 여러 방면을
공부한
멀티플레이어
시네요.
허허허!

제02장

# 트라이앵글이 서로 같아요

교과 연계

**초등 5-2** 3단원:도형의 합동
**중등 1** 도형의 작도와 성질

학습 목표

모양과 크기가 같아서 완전히 포개어지는 두 도형을 '합동'이라고 하는데, 이에 대해 자세히 알아본다. 그리고 합동인 도형에서 대응변의 길이와 대응각의 크기의 관계를 알아보고, 삼각형의 합동이 되기 위한 조건에 대해 학습한다.

열정 선생님, 똑같이 생긴 것을 보고 붕어빵 같다고 하잖아요. 이 말은 무슨 뜻인가요?

탈레스 아하! 열정 학생은 합동이 궁금한 거군요. 선생님이 발견한 기하 원리를 보면 '두 삼각형에서 대응하는 두 각이 서로 같고 대응하는 한 변이 서로 같으면 두 삼각형은 합동이다'라는 공식이 있어요. 좀 어렵지요? 그럼 지금부터 합동에 대해서 선생님하고 같이 알아봐요.

열정 학생은 음악 시간에 기악합주를 해 본 적이 있나요?

기악합주는 여러 가지 악기들을 여러 사람이 나눠서 같이 연주하는 거예요. 그럼 기악합주 악기들 중 예진이와 주영이가 연주한 트라이앵글을 비교하면서 합동에 대해서 알아볼까요?

앞에서 예진이와 주영이가 연주하는 트라이앵글의 모양과 크기는 어떠한가요?

열정 모양과 크기가 모두 똑같이 생겼어요. 저러면 어떤 게 자기 건지 모르겠어요.

탈레스 맞아요. 예진이와 주영이가 연주하는 트라이앵글의 모양과 크기는 똑같이 생겼어요. 여기서 알 수 있듯이 합동이라는 말은 그냥 '같다'라기보다는 좀 더 정확하게 이야기하면 '모양과 크기가 같아서 완전히 포개어지는 두 도형'을 서로 합동이라고 해요. 그러므로 예진이와 주영이가 연주하는 트라이앵글은 합동이에요.

열정 선생님, 합동은 완전히 포개어지는 두 도형이라고 하셨는데, 그럼 포개어지는 선분의 길이나 각의 크기는 모두 똑같은가요?

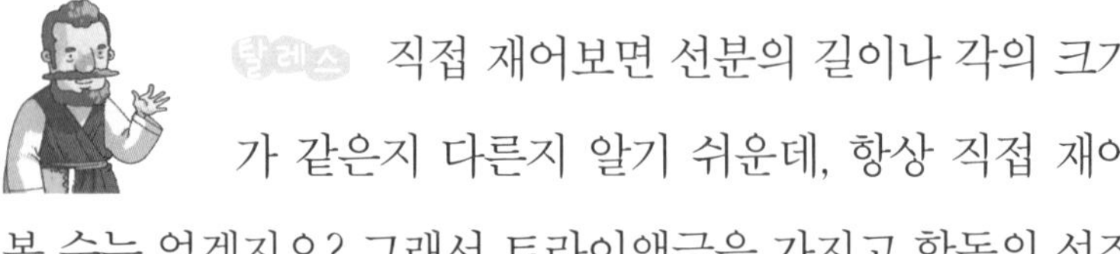

탈레스 직접 재어보면 선분의 길이나 각의 크기가 같은지 다른지 알기 쉬운데, 항상 직접 재어볼 수는 없겠지요? 그래서 트라이앵글을 가지고 합동의 성질에 대해서 알아보기로 할게요.

다음 그림은 트라이앵글에 색깔과 기호를 넣은 것이에요.

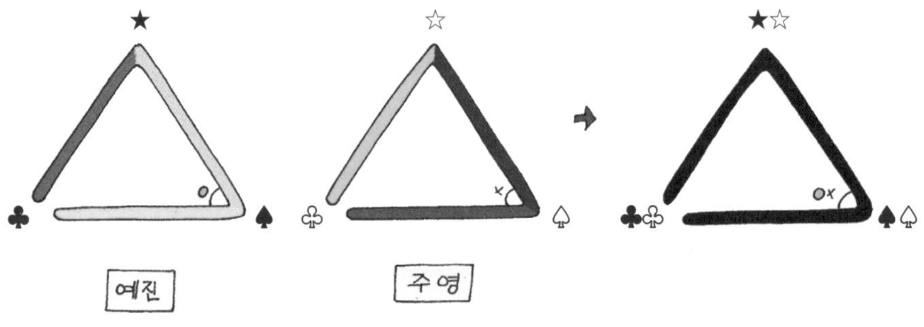


합동인 예진이의 트라이앵글과 주영이의 트라이앵글을 포개었을 때, 각 꼭지점인 ★과 ☆, ♣과 ♧, ♠과 ♤이 서로 겹쳐지지요? 이렇게 겹쳐지는 점들을 합동인 도형에서 대응점이라고 해요. 그리고 선을 보면 파랑과 보라, 빨강과 초록, 노랑과 남색이 서로 겹쳐지지요? 이렇게 겹쳐지는 변을 합동인 도형에서는 대응변이라고 해

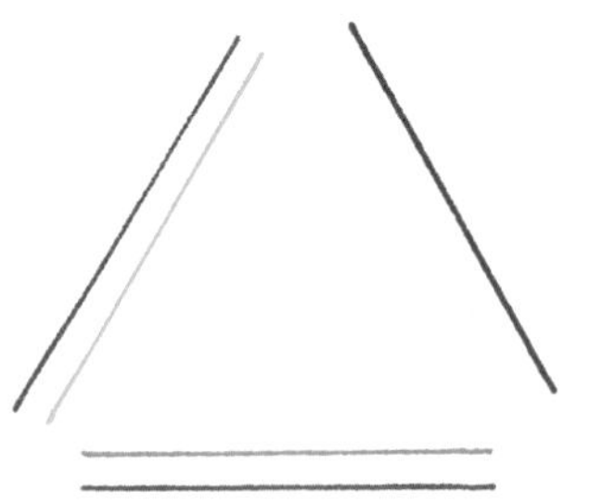

요. 그럼 대응변들의 길이를 한번 비교해 볼까요?

파랑과 보라는 서로 겹쳐지니까 길이가 같고, 빨강과 초록도 서로 겹쳐지니까 길이가 같고, 노랑과 남색도 서로 겹쳐지니까 길이가 같아요. 따라서 대응변의 길이는 서로 같다고 할 수 있어요.

두 트라이앵글을 포개었을 때, 각 ○와 ×도 역시 겹쳐지지요? 이렇게 합동인 도형에서 겹쳐지는 각을 대응각이라고 해요. 대응각도 역시 서로 겹쳐지기 때문에 그 크기도 서로 같아요. 여기까지가 합동의 성질인데 좀 어려운가요?

그럼 합동의 성질에 대해서 한번 간단히 정리해 볼게요. '합동인 도형을 포개었을 때, 겹쳐지는 점을 대응점, 겹쳐지는 변을 대응변, 겹쳐지는 각을 대응각이라고 하고, 대응변의 길이와 대응각의 크기는 같다.' 어때요, 이렇게 하면 머리가 덜 아프죠?

똘이 선생님, 그럼 합동인 도형을 찾으려면 항상 겹쳐 보면서 찾아야 하는 거예요?

탈레스 합동인 도형을 찾을 때 항상 겹쳐서 봐야 한다면 얼마나 불편하겠어요. 합동인 도형을 찾는 방법에 대해서도 간단한 표로 정리해서 보여 줄게요.

**삼각형의 합동 조건**

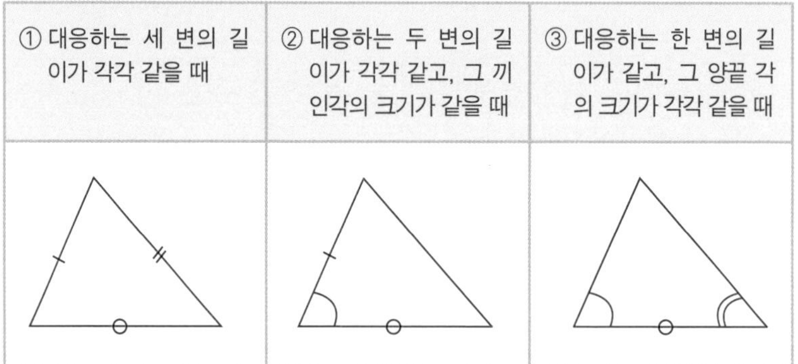

| ① 대응하는 세 변의 길이가 각각 같을 때 | ② 대응하는 두 변의 길이가 각각 같고, 그 끼인각의 크기가 같을 때 | ③ 대응하는 한 변의 길이가 같고, 그 양끝 각의 크기가 각각 같을 때 |
|---|---|---|

위의 세 가지 조건 중에서 한 가지만 만족을 시켜도 두 도형은 합동이라고 해요. 이렇게 한다면 합동인 도형을 찾기 쉽겠지요? 선생님은 이 사실을 기원전에 이미 알고 있었답니다.

제 02 장

## 핵심정리

- 모양과 크기가 같아서 완전히 포개어지는 두 도형을 서로 '합동'이라고 한다.

- 합동인 도형을 포개었을 때, 겹쳐지는 점을 대응점, 겹쳐지는 변을 대응변, 겹쳐지는 각을 대응각이라고 한다.

- 합동인 도형에서 대응변의 길이와 대응각의 크기는 서로 같다.

- 삼각형의 합동 조건은 다음과 같다.
  ① 대응하는 세 변의 길이가 각각 같을 때
  ② 대응하는 두 변의 길이가 각각 같고, 그 끼인각의 크기가 같을 때
  ③ 대응하는 한 변의 길이가 같고, 그 양끝 각의 크기가 각각 같을 때

얘들아! 배고프지?
뭐 먹을래?

삼각김밥이요~

너는 무슨 맛
먹을 거니?
나는 불고기맛
먹을 거야.

와!
누나 것하고 내 것하고
똑같이 생겼다.

이것처럼 모양과
크기가 똑같은 것을
합동이라고
하는 거야.

두 삼각김밥은
합동이어서
대응변과 대응각의
크기가 서로
같단다.

예. 알겠어요.
배고파요.
빨리 먹어요.
으이그,
너는 먹는
것밖에
모르냐?

제03장

# 합동을 이용한 대량 생산 체제

교과 연계

**초등 5-2** 3단원:도형의 합동
**중등 1** 도형의 작도와 성질

학습 목표

우리가 사용하고 있는 동전이나 지폐 등 합동이 실생활에서 어떻게 이용되고 있는지 알아본다. 합동을 이용해 공장에서 똑같은 물건을 많이 만들어내서 우리 생활을 편리하게 해 주고 있는데 이외에도 우리 주변에서 합동의 예에는 어떤 것이 있는지 찾아본다.

열정 선생님, 우리나라 돈의 모양은 종류별로 모양과 크기가 전부 똑같잖아요. 그런데 돈은 어떻게 만들어지나요?

탈레스 이번에는 열정 학생이 무엇을 알고 싶어서 이런 질문으로 시작했는지 모르겠지만, 돈이 만들어지는 과정에 대해서 가르쳐 줄게요.

세계 각국을 막론하고 지폐가 만들어지기까지는 수많은 과정과 시간을 들여야만 해요. 그 후에 비로소 국민들의 손에 돈이라는 지폐가 주어지게 되지요. 이 과정을 간단히 소개해보면 지폐는 한국은행이 화폐를 발행하고 디자이너가 도안을 한 후 최종 원판이 만들어집니다. 화폐를 전문으로

조각하는 사람이 금속판을 세밀하게 조각해서 원판을 만든 후 이것으로 지폐를 똑같이 찍어냅니다. 이렇게 해서 우리가 사용하는 지폐는 같은 종류끼리 모두 똑같게 되는 것이지요.

열정 선생님, 지폐를 만드는 과정이 복잡한 것 같아요. 그럼 돈처럼 공장에서 만들어지는 것들은 모두 합동인가요?

탈레스 흠……, 열정이가 자주 가는 문구점의 학용품을 한번 생각해 볼까요? 무엇을 볼 수 있

죠? 이러한 학용품들은 공책은 공책대로, 연필은 연필대로, 지우개는 지우개대로 똑같이 생기지 않았나요? 이것은 합동을 이용하여 공장에서 물건을 만들기 때문에 똑같은 거죠. 그럼 돈이나 학용품 외에 우리 주위에서 똑같이 생긴 것들은 어떤 것들이 있을까요?

열정 컴퓨터실에서 수업을 하는데 모니터랑 키보드, 마우스들이 모두 똑같이 생겼어요. 그리고 CD, DVD, 핸드폰, 과자봉지 등도 모두 똑같이 생겼어요.

탈레스 잘 찾았어요. 열정 학생은 합동에 대해서 완벽하게 이해했군요. 열정 학생이 찾은 많은

것들과 우리 주위에 있는 합동인 제품들은 모두 공장에서 만들어져요. 공장에서 합동을 이용하여 똑같은 물건을 만들어 내는 것을 대량 생산 체제라고 해요. 대량 생산 체제가 시작되면서 우리의 생활은 더 편리하고 좋은 제품을 많이 만들어서 사용할 수 있게 되었어요. 이것이 합동이 만들어 낸 가장 큰 성과라고 할 수 있지요.

인류의 역사를 보면 석기 시대에는 돌을 사용하고, 청동기 시대에는 청동을, 철기 시대에는 철을 사용했어요. 청동기 시대가 되면서부터 거푸집을 이용해 물건을 만들어 사용하기

시작했지요. 거푸집이란 원하는 물건의 형태를 암석이나 흙으로 만들어 그 안에 청동물이나 쇳물을 부어 도구를 만드는 것입니다. 이 거푸집을 이용해 칼, 도끼, 거울 등 생활용품이나 무기들을 많이 만들 수 있었어요. 이것도 역시 합동을 이용한 것이라고 할 수 있겠지요?

열정 와! 대단해요. 옛날 사람들은 합동을 배우지도 않았는데 이런 방법을 다 사용했네요.

탈레스 사람들은 기본적으로 더 편리하고 편안한 생활을 원한답니다. 그러다 보니 생각을 하고, 발명을 하는 거지요. 지금까지 합동에 대해서 배웠는데 합동은 수학 시간에만 배우는 것일까요? 우리가 배우는 합동은 수학 시간이나 시험 칠 때만 필요한 것이 아니라, 생활 속에서 많이 사용되고 필요한 부분이에요.

여기까지 공부하느라 힘들었지요? 그래서 선생님이 합동을 이용한 게임을 하나 준비했어요. 틀린 그림 찾기인데 다음 두 그림에서 틀린 부분을 찾아보세요. 게임을 하면서 다음 시간에 공부하고 싶은 것을 생각해두면 좋겠네요.

그림이 똑같아 보이지요! 하지만 자세히 보면 틀린 부분이 열곳이나 있답니다. 여러분이 직접 찾아보세요.

43쪽의 정답

제 03 장

## 핵심정리

- 우리가 사용하는 지폐는 같은 종류끼리 모양과 크기가 같은 합동이다.

- 공장에서 합동을 이용하여 똑같은 물건을 만들어 내는 것을 대량 생산 체제라고 하는데 이로 인하여 사람들은 더 편한 생활을 할 수 있게 되었다.

- 대량 생산 체제는 합동이 만들어 낸 가장 큰 성과이다.

- 옛날에도 거푸집이라는 것을 이용하여 똑같은 모양의 물건을 만들어 사용했다.

- 생활 속에서 합동의 예:문구점의 학용품(공책, 연필, 지우개, 가위, 풀 등), CD, DVD, 핸드폰, 과자 봉지 등

옛날에는 저렇게
물건을 만들었구나.
요즘은 어떻게
물건을 만들까요?

합동을 이용하여
대량 생산을 하니까
똑같은 물건을
빠른 시간에
많이 만들 수 있어요.

교과 연계

**초등 5-2** | 5단원:도형의 대칭

학습 목표

어떤 한 직선으로 접어서 완전히 겹쳐지는 도형을 선대칭도형이라고 하는데, 이것의 특징과 성질을 알아본다. 그리고 우리의 몸과 생활 속에서 선대칭도형을 찾아본다.

열정 선생님, 사람은 왼손과 오른손이 있잖아요. 그럼 왼손과 오른손이 똑같은가요?

탈레스 '왼손이 하는 일을 오른손이 모르게 하라.' '손뼉도 마주쳐야 소리가 난다.' 이와 같이 손에 관련된 여러 가지 속담이 있지요. 손뼉을 한 번 쳐 보세요. 그러고 나서 왼손과 오른손을 붙여 보세요. 왼손과 오른손의 모양과 크기가 어떤가요? 똑같이 생겼지요. 그런데 그냥 똑같이 생긴 것이 아니고 양손을 쫙 펴서 붙이니까 중간에 선이 생겼지요? 이 선을 기준으로 해서 양손을 접었을 때 그 모양과 크기가 똑같아져요. 한 번 해 보세요.

열정 어머! 정말로 중간에 생기는 선을 중심으로 양손을 접었더니 똑같이 겹쳐졌어요. 그런데 손과 수학이 무슨 관계가 있나요?

탈레스 손과 수학은 아무 상관이 없어 보이지요? 그러나 우리 몸은 대칭으로 이루어져 있어요. 앞에서 배운 것처럼 양손을 쫙 펴서 보았을 때, 양손을 붙인 부분에 생기는 선을 중심으로 양손을 접으면 왼손과 오른손은 완전히 겹쳐지지요. 이처럼 '어떤 직선으로 접어서 완전히 겹쳐지는 도형을 선대칭도형'이라고 해요. 그리고 양손을 붙였을 때 생기는 중간의 선을 대칭축이라고 하지요. 따라서 양손은 중간의 선인 대칭축을 중심으로 반을 접었을 때 왼손과 오른손이 완전히 겹쳐지는 선대칭 모양을 이루고 있어요. 그럼 손을 가지고 선대칭도형의 성질에 대해서 알아봅시다.

대칭축인 중간의 선으로 왼손과 오른손이 겹쳐질 때 엄지는 엄지끼리, 검지는 검지끼리, 중지는 중지끼리, 약지는 약지끼리, 새끼손가락은 새끼손가락끼리 겹쳐지지요. 이때 다

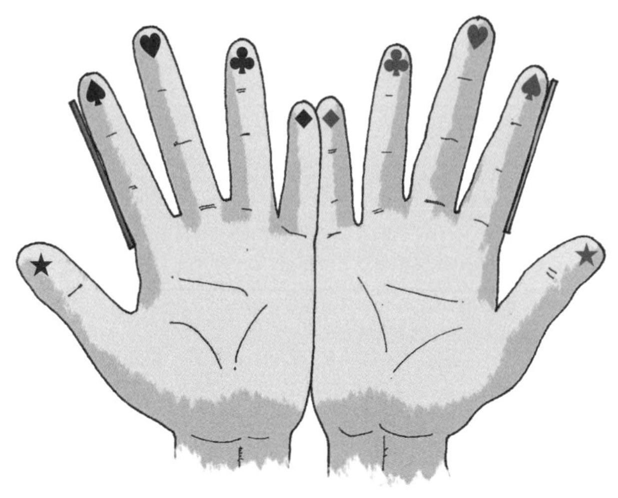

음 그림처럼 손가락 끝에 붙여 놓은 스티커를 도형의 꼭지점이라고 하면, ★와 ★, ♠와 ♠, ♥와 ♥, ♣와 ♣, ◆와 ◆는 서로 겹쳐져요. 이렇게 겹쳐지는 꼭지점을 대칭점이라고 해요. 그리고 양손이 만나는 선인 대칭축에서 ★까지의 거리와 ★까지의 거리는 양손이 합동이기 때문에 서로 같아요. 이것을 수학적으로 설명하면 '선대칭도형에서 대칭축에서 대칭점까지의 거리는 같다'라고 한답니다.

그리고 위에서 왼손의 빨간 선과 오른손의 파란 선을 도형에서 변이라고 하면, 양손을 겹쳤을 때, 빨간 선과 파란 선은 서로 겹쳐져요. 이렇게 겹쳐지는 변을 대응변이라고 해요. 이것도 역시 양손이 만나는 선인 대칭축에서 빨간 선과 파란 선까지의 거리, 즉 대응변까지의 거리는 서로 같아요.

마찬가지로 선대칭도형에서 각이 있다면 서로 겹쳐지는 각을 대응각이라고 하는데, 대응각의 크기 역시 대칭축에 의해 서로 합동이기 때문에 서로 같아지지요. 여기까지가 선대칭도형의 성질입니다. 선생님 설명이 좀 길었지요? 간단하게 정리해 볼게요.

우선 어떤 직선으로 접어서 완전히 겹쳐지는 도형을 선대칭도형이라 하고, 그 직선을 대칭축이라고 해요. 그리고 두 도형을 완전히 포개었을 때, 겹쳐지는 꼭지점을 대응점, 겹쳐지는 변을 대응변, 겹쳐지는 각을 대응각이라고 해요. 이때 대응변의 길이와 대응각의 크기는 서로 같아요. 마지막으로 대칭축에서 대응변까지의 거리는 서로 같아요. 선대칭도형도 합동을 이용한 것이기 때문에 합동에서 알게 된 것을 생각해 보면 쉬울 거예요.

열정 그런데 선생님, 눈과 귀는 두 개인데다 중앙의 선으로부터 떨어져 있잖아요. 이러한 것도 선대칭도형인가요?

탈레스 중요한 것을 발견했네요. 코와 입처럼 하나의 도형에서 대칭축을 그어 합동이 되는 도형을 선대칭도형이라 하는데, 눈과 귀처럼 두 개의 도형이고, 대칭축으로부터 떨어져 있으면서, 대칭축으로 접었을 때 완전히 포개어지는 두 도형을 '선대칭의 위치에 있는 도형'이라고 해요.

열정 아하! 대칭축으로부터 떨어져 있는 선대칭 도형을 선대칭의 위치에 있는 도형이라고 하는군요. 그럼 선대칭의 위치에 있는 도형의 성질도 선대칭도형의 성질과 비슷한가요?

탈레스 예, 맞아요. 열정 학생은 내가 더 안 가르쳐도 되겠네요. 선대칭의 위치에 있는 도형의

성질도 선대칭도형의 성질과 같아요. 즉, 포개었을 때 겹쳐지는 부분을 대응점, 대응변, 대응각이라고 하고, 대응변의 길이, 대응각의 크기가 같으며, 대칭축으로부터 대응변까지의 거리가 같다는 등의 성질이 있어요. 배우는 것은 많지만 합동이나 선대칭도형 등에서 배운 것을 이용하면 쉽게 알 수 있는 것들이에요.

열정 처음에는 어렵게만 생각했는데, 하나씩 순서대로 배우니까 비슷한 것들이 많아서 쉬워요. 그런데 선생님, 이런 선대칭도형의 모양은 어디에서 볼 수 있나요?

탈레스 선대칭 모양은 아름다운 자연에서 많이 볼 수 있어요. 꽃을 찾아 날아다니는 아름다운 나비를 보면 가운데를 중심으로 양쪽이 똑같은 모양을 하고 있지요. 그리고 사슴의 뿔도 자세히 관찰해 보세요. 양쪽이 똑같이 생겼을 거예요. 재미있게 생긴 개구리도 콧구멍 가운데를 중심으로 선을 그으면 양쪽이 신기할 정도로 똑같답니다.

다음 그림에서 살펴볼까요?

열정 와! 나비와 사슴이 예쁘다고만 생각했지 이렇게 선대칭 모양일 거라고는 생각지도 못했어요. 특히 사슴뿔이 선대칭 모양을 하고 있는 것이 너무 신기해요. 또 다른 것도 있나요?

탈레스 그럼요. 이번에는 재미있는 놀이를 통해 알아볼까 해요. 혹시 거울놀이를 해 본 적이 있

나요? 거울놀이는 거울을 세워서 글자나 모양을 만드는 놀이인데, 거울에 비치는 모양은 항상 선대칭 모양을 이루고 있어요. 그럼 선생님이 문제를 내 볼게요. 영어 알파벳 A, B, C, ……, X, Y, Z까지 중에서 선대칭 모양을 하고 있는 알파벳을 거울놀이를 통해 직접 찾아보세요.

열정 거울을 세워서 반을 비췄을 때, 그 알파벳이 나오면 선대칭 모양인 것이지요? 빨리 해 봐야지. 거울로 알파벳을 비추어 보았더니 A, C, D, H, I, O, W 등이 선대칭을 이루는 글자들이에요.

탈레스 오, 정말 잘 찾았어요. 열정이가 찾은 것 말고도 U나 V, X 등도 선대칭이겠죠? 이것 말고도 더 찾을 수 있어요. 지금까지 선대칭도형에 대해서 알아보았는데, 선대칭도형에서 아름다움을 느낄 수 있지 않나요? 다음 시간에는 점대칭도형에 대해서 알아보기로 해요.

제04장

## 핵심정리

- 어떤 직선으로 접어서 완전히 겹쳐지는 도형을 선대칭도형이라 하고, 그 직선을 대칭축이라고 한다.
- 선대칭도형에서 대응변의 길이와 대응각의 크기는 서로 같고, 대응점을 이은 선분을 대칭축으로 나누면 두 선분의 길이는 같다.
- 두 도형이 한 직선을 따라서 접었을 때, 완전히 포개어지는 두 도형을 그 직선에 대하여 선대칭의 위치에 있다고 하고, 두 도형을 선대칭의 위치에 있는 도형이라고 한다. 이때 그 직선을 대칭축이라고 한다.
- 선대칭의 위치에 있는 도형에서 대응점을 이은 선분과 대칭축은 직각으로 만나고, 대응점에서 대칭축까지의 거리는 같다.
- 생활 속에서 선대칭의 예 : 나비, 사슴뿔, 영어 알파벳(A, C, D, H, I, O, W…), 거울놀이 등

우당당 탕

그만 멈추지 못해?
열정이 네가
누나니까 참아!

정우야,
이리와.
누나하고
놀자.

꺄악

엄마, 엄마,
누나 방에 날아다니는
귀신이 있어요.

그건 누나가 거울로 장난을 친
거야. 거울에 똑같이 비치는 것을
이용해서 날아가는 모습을
만든 거지. 이때 사용한 것이
대칭축으로 접었을 때
완전히 겹쳐지는
선대칭도형이란다.

아하! 그렇군.
나도 복수해야지.

제05장

# 돌아도 돌아도 똑같은 바람개비

### 교과 연계

**초등 5-2** 5단원:도형의 대칭

### 학습 목표

한 점을 중심으로 180° 돌렸을 때, 처음 도형과 완전히 겹쳐지는 도형을 점대칭도형이라고 한다. 이 점대칭도형의 성질에 대해 알아보고, 점대칭의 위치에 있는 도형에 대해서도 학습한다. 그리고 생활 속에서 점대칭의 예를 찾아본다.

열정 선생님, 바람이 불면 바람개비는 계속 돌잖아요. 그럼 바람개비는 반 바퀴를 돌려도 모양이 똑같은가요?

탈레스 이번에는 바람개비에 대해서 궁금하군요. 열정 학생이 옛날에 가지고 놀았던 바람개비를 생각해 보세요. 바람개비를 들고 달리면 날개가 돌아가잖아요. 날개가 돌아갈 때마다 날개의 모양은 어떠한가요?

열정 처음 모양과 똑같아요. 모양이 똑같으니까 이것도 합동과 관계가 있나요?

탈레스 역시 열정 학생은 사물을 수학적으로 바라보는 안목이 있어요. 바람개비를 잘 보세요. 가운데 꽂은 압정을 중심으로 날개가 돌아가고 있지요? 그리고 반 바퀴 돌아가도 그 모양은 처음 모양과 같아요. 이처럼 '한 점을 중심으로 180° 돌렸을 때, 처음 도형과 완전히 겹쳐지는 도형을 점대칭도형'이라고 해요. 그리고 압정에 해당하는 한 점을 대칭의 중심이라고 하지요.

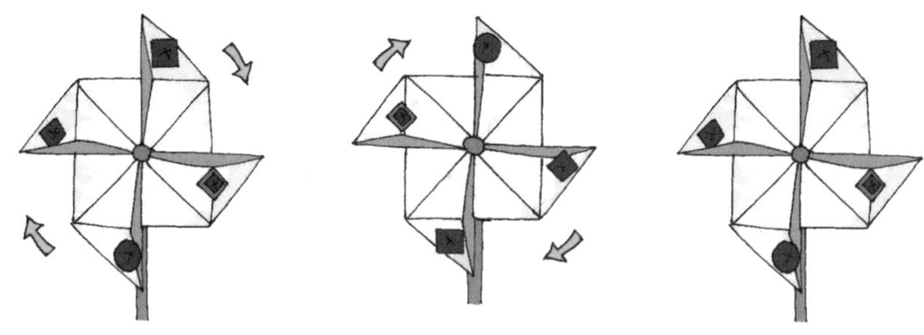

그냥 무작정 공부하는 것보다 선대칭은 선에 대해 대칭, 점대칭은 점에 대해 대칭이라고 이해하면 좀 더 쉽게 이해가 되겠네요. 그럼 선대칭도형과 마찬가지로 점대칭도형의 성질에 대해서도 알아볼까요?

점대칭도형은 한 점을 중심으로 180° 돌렸을 때 처음 도형과 완전히 포개어지는 도형이므로, 합동을 이용해서 겹쳐지는 꼭지점을 대응점, 겹쳐지는 변을 대응변, 겹쳐지는 각을 대응각이라고 해요. 점을 중심으로 서로 마주 보는 부분들이 대응점, 대응변, 대응각이 되지요. 점대칭도형의 성질도 선대칭도형과 같아요. 대응변의 길이와 대응각의 크기가 서로 같고, 대칭의 중심에서 대응점까지의 거리도 같답니다.

열정 선대칭도형에서 선대칭의 위치에 있는 도형을 배웠는데요, 점대칭도형에도 그런 도형이 있나요?

탈레스 선대칭도형과 점대칭도형은 비슷한 점이 있다고 했지요? 따라서 점대칭의 위치에 있는 도형도 당연히 있어요. 그럼 지금부터 점대칭의 위치에 있는 도형에 대해서 알아볼까요? 열정 학생은 쥐불놀이를 해 본 적이 있나요?

쥐불놀이란 농작물에 피해를 주는 쥐를 잡고, 들판의 마른 풀에 붙어 있는 해충의 알을 태울 뿐만 아니라 다음 농사의 거름이 되도록 하려고 논밭 두렁에 불을 놓는 정월의 민속놀이에요. 다른 말로 논두렁 태우기라고도 하지요.

그림을 보면 어깨가 중심이 되어 끈을 연결한 쥐불이 원을 그리면서 돌고 있지요? 이 쥐불은 중심으로부터 떨어져 있으면서 꼭대기에 있을 때와 맨 밑에 있을 때의 모양이 서로 같아요. 이러한 도형을 점대칭의 위치에 있는 도형이라고 해요.

점대칭의 위치에 있는 도형도 역시 점대칭도형과 같이 대응점, 대응변, 대응각 등이 있어요. 대응변의 길이와 대응각의 크기가 서로 같고, 대칭의 중심으로부터 대응변까지의 거리는 서로 같아요. 같은 얘기를 하도 여러 번 들어서 이제는 지겹겠네요.

열정 이제는 대응점 얘기만 나와도 다 외울 정도예요. 그런데 선생님, 점대칭도형의 모양은 어디에서 볼 수 있나요?

탈레스 점대칭 모양도 선대칭 모양과 마찬가지로 아름다운 자연에서 많이 볼 수 있어요. 나

비가 날아들게 하는 아름다운 꽃을 보면 가운데를 중심으로 180° 돌려도 처음 모양과 똑같은 모양이 되지요. 그리고 행운을 나타내는 네잎클로버도 자세히 관찰해 보세요. 점대칭 모양을 하고 있을 거예요. 다음 그림에서 살펴볼까요?

열정 와! 향기로운 꽃과 행운을 가져다 준다는 네잎클로버에 이렇게 수학적인 아름다움이 숨겨져 있는지 몰랐어요. 대칭을 이루고 있는 것들은 모두 예쁜 것 같아요. 또 다른 것으로는 어떤 것이 있나요?

탈레스 그럼요. 앞에서 알파벳 중에서 선대칭 모양이 되는 것을 찾아보았는데, 이번에는 한글에서 점대칭 모양을 이루고 있는 글자들을 찾아볼까요? 쉽게 찾으려면 물구나무서기를 하고 글자를 봤을 때 처음 글자와 똑같은 글자를 찾아보세요. 정말로 물구나무서기를 하고 글자를 보니 근, 늑, 를, 믐, 응의 글자가 점대칭을 이루고 있지요?

이번에는 점대칭 위치에 있는 도형의 사용에 대해서 찾아보기로 해요. 열정 학생은 놀이동산에 놀러가 본 적이 있지

점대칭을 보이는 회전관람차

요? 놀이동산에 가면 점대칭 위치를 이용한 것이 있는데 위의 사진처럼 생긴 놀이기구를 볼 수 있을 거예요. 천천히 원을 그리면서 돌아가는 이 놀이기구는 회전관람차라고 하는데 처음 위치에서의 모양과 180° 돌았을 때의 모양이 똑같잖아요.

이렇게 해서 점대칭에 대해서도 모두 배웠어요. 재미있게 배웠는지 모르겠네요. 다음 시간에는 새로운 것에 대해서 공부해 볼까요? 그럼 다음 시간에 다시 만나요.

제05장

## 핵심정리

- 한 점을 중심으로 180° 돌렸을 때, 처음 도형과 완전히 겹쳐지는 도형을 점대칭도형이라 하고, 그 점을 대칭의 중심이라고 한다.
- 점대칭도형에서 대응변의 길이와 대응각의 크기는 서로 같고, 대응점끼리 이은 선분은 대칭의 중심에 의해서 똑같이 나누어진다.
- 한 점을 중심으로 180° 돌렸을 때, 완전히 포개어지는 두 도형은 점대칭의 위치에 있다고 하고, 두 도형을 점대칭의 위치에 있는 도형이라고 한다. 이때 한 점을 대칭의 중심이라고 한다.
- 점대칭의 위치에 있는 도형에서 대응점을 이은 선분은 대칭의 중심에서 같은 거리에 있다.
- 생활 속에서 점대칭의 예:바람개비, 꽃잎, 네잎클로버, 한글(근, 늑, 를, 믐, 응), 놀이기구 등

삼촌~,
쥐불놀이
하러 가요.
그래.
쥐불놀이
하러 가자.

모두
날 따라서
만들어.

와!
멋있다.

와!
신난다.

쥐불이
원을 그리면서
돌아가요.

그래. 쥐불을 180° 돌렸을 때
모양이 서로 같지? 이러한
것을 점대칭의 위치에 있는
도형이라고 한단다.

제06장

# 크기는 달라도 모양은 똑같아요

교과 연계

**중등 2** 도형의 닮음

학습 목표

어떤 한 도형을 모양은 바꾸지 않고 확대하거나 축소해서 얻은 도형을 원래의 도형과 '닮음인 관계에 있다'라고 하는데, 닮음에 대해 학습한다. 그리고 축구공, 탁구공, 야구공 등 여러 가지 공들도 닮음의 한 예이다. 이외에도 우리 생활 속에서 닮음의 예를 찾아본다.

열정 선생님, 지금까지 모양과 크기가 같은 합동과 관련된 것들에 대해서 배웠는데요, 그럼 모양은 같은데 크기가 다른 것들도 있나요?

탈레스 열정 학생은 축구를 좋아하나요? 열정 학생이 사는 대한민국에서 모든 국민들이 축구에 열광한 적이 있다고 하니 더 잘 알고 있겠군요. 월드컵은 국제축구연맹이 주최하는 축구경기로 4년에 한 번씩 개최되고 있는데, 2002년 개최지는 대한민국이었죠?

열정 그럼요! 우리나라는 이 대회에서 4강 진출까지 했는걸요. 선생님은 우리나라 축구 국가대표 응원단인 붉은 악마에 대해서 들어보신 적이 있나요?

탈레스 네, 알고 있어요. 그때 입은 붉은 옷들은 모두 같은 모양의 옷들이었다죠? 그냥 붉은색 옷이 아닌 같은 디자인이 되어 있어서 '우리는 하나'라는 뜻의 옷이라고 알고 있는데……. 나도 열정 학생처럼 그런 응

원을 꼭 해 보고 싶군요.

그런데 만약 이러한 응원을 할 때 옷들이 모양뿐만 아니라 크기까지 모두 같은 옷만 있다고 생각한다면 어떻게 될까요? 덩치가 큰 사람이나 작은 사람이나 입을 수 있는 옷의 크기가 하나밖에 없다면 어떻게 될까요?

옷의 크기가 맞는 사람만 입을 수 있겠지요. 그래서 덩치

가 큰 사람이나 작은 사람이나, 또는 어른이나 어린이나 모두 같은 모양의 옷을 입게 하기 위해서 옷의 크기가 큰 것도 만들고, 작은 것도 만들었어요. 이렇게 해서 어른이나 어린이나 모두 같은 옷을 입고 응원할 수 있었던 거예요.

앞의 그림을 보면 옷의 모양은 같은데, 크기는 다르죠. 이러한 것들도 모두 수학을 이용한 것이에요. 앞에서 합동은 모양과 크기가 같은 것이라고 했지요? 그런데 여기서는 모양은 같은데 크기가 다른 것이 나오지요?

이처럼 모양은 같은데 크기는 다른 것을 닮음이라고 해요. 이것을 수학적으로 이야기하자면 '어떤 도형을 모양은 바꾸지 않고 확대 또는 축소하여 얻은 도형은 원래의 도형과 닮음인 관계에 있다'라고 해요.

이처럼 수학의 닮음을 이용해서 붉은 악마의 옷처럼 어른이나 어린이가 같은 모양의 옷을 입을 수 있게 한 것이지요.

열정 아하! 그렇군요. 이러한 곳에도 수학이 이용되었군요. 선생님, 우리 주위에 닮음을 발견할 수 있는 물건들이 있나요?

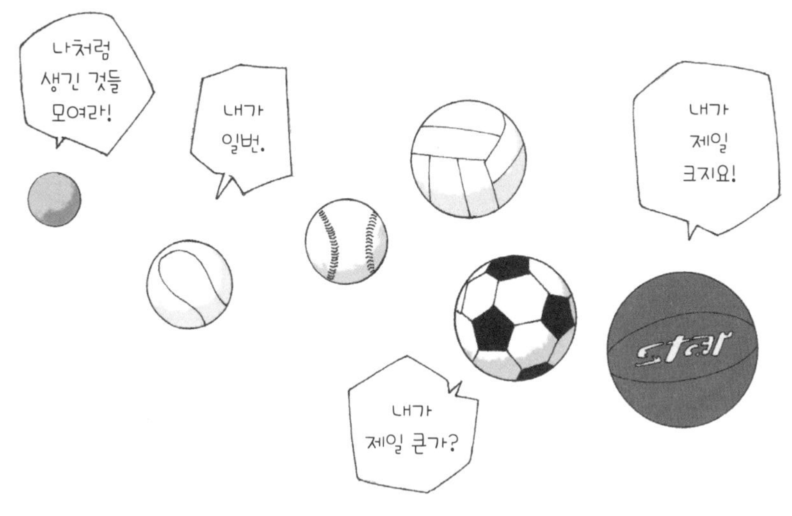


탈레스 당연히 있지요. 열정 학생은 운동을 좋아하나요? 선생님은 운동을 좋아해서 여러 가지 운동을 해요. 특히 탁구, 축구, 농구, 배구 등 공을 가지고 하는 운동을 좋아하지요. 공을 가지고 하는 운동을 좋아하다 보니 공을 자주 보게 되는데, 공처럼 생긴 모양을 수학에서는 '구'라고 해요. 여러 종류의 공들은 겉모양은 다르지만 전체적인 모양은 둥근 '구' 모양을 하고 있어요.

공의 종류에 따라서 겉모양을 생각하지 않고 모양만 생각한다면 모든 공은 '구' 모양이고, 크기가 다르기 때문에 앞에서 배운 닮음이지요. 같은 종류의 공들은 모양과 크기가 같기 때문에 합동이지만, 다른 종류의 공들은 모양은 같고, 크기가 다른 닮음이에요.

열정 '구' 모양의 공이 모두 닮음이면, 지구본도 '구' 모양이니까 닮음이겠네요?

탈레스 그렇죠. 지구본도 '구' 모양이니까 공과 서로 닮음이지요. 그럼 실제 우리가 살고 있는 지구와 지구본은 어떨까요? 지구본은 지구를 축소한 것이기 때문에 지구와 지구본은 닮음이라고 할 수 있어요. 지도도 지구 표면을 일정한 비율로 축소시켜 만든 것이므로 지구 표면과 그것을 나타낸 지도는 닮음이라고 할 수 있어요. 그런데 지도에서 지도 밑 또는 위에 숫자가 쓰여 있는 것을 본 적이 있나요?

지도를 보면 1 : 250,000 또는 (0 ▬▬▬▭▭▭ 5km) 처럼 되어 있는 것이 있어요. 이러한 것을 축척이라고 하는데, 땅 위의 실제 거리를 지도상에 축소해서 나타낸 것을 말해요.

열정 아하! 얼마만큼 줄인 것을 표시하는 것을 축척이라고 하는군요. 그런데 선생님, 어떻게 축척을 보고 실제 거리를 알 수 있어요?

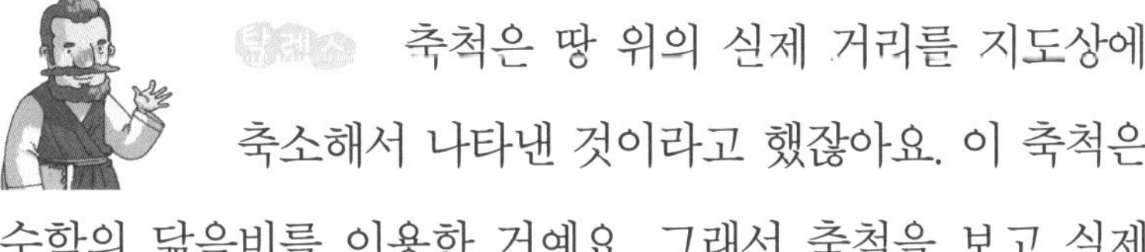

탈레스 축척은 땅 위의 실제 거리를 지도상에 축소해서 나타낸 것이라고 했잖아요. 이 축척은 수학의 닮음비를 이용한 거예요. 그래서 축척을 보고 실제 거리를 알 수 있어요. 닮음비란 두 도형이 닮은 도형일 때, 대응하는 변의 길이의 비를 말해요. 예를 들어 한 변의 길이가 3cm인 정사각형과 한 변의 길이가 5cm인 정사각형의 대응하는 변의 길이의 비, 즉 닮음비는 3 : 5가 되지요.

지금까지 닮음과 닮음비에 대해서 알아보았어요. 우리 주위에서 이러한 닮음을 이용한 것들을 한번 찾아보도록 해요. 그럼 다음 시간에는 닮음에 해당하는 확대와 축소에 대해서 알아볼게요.

제06장

## 핵심정리

- 어떤 도형을 모양은 바꾸지 않고 확대 또는 축소하여 얻은 도형은 원래의 도형과 '닮음인 관계에 있다'라고 한다.

- '구'의 모양을 하고 있는 여러 종류의 공들은 서로 닮음이다.

- 땅 위의 실제 거리를 지도상에 축소해서 나타낸 것을 축척이라고 하는데, 축척을 이용하여 지도를 보고 실제 거리를 알 수 있다.

- 두 도형이 닮은 도형일 때, 대응하는 변의 길이의 비를 닮음비라고 한다.

와! 예쁘다.
어떤 것을
고를까?

어? 옷이
너무 작네!
큰 치수로
바꿔야겠다.

이거
큰 치수로
주세요.

어! 모양은
같은데 크기가
다르네!

그래. 네가 들고 있는
것처럼 모양은 같은데
크기가 다른 것을
닮음이라고
한단다.

아하! 그렇군요.
그럼, 우리 주위에서도
닮음을 볼 수
있나요?

동전이나
공들도
모두 닮음
이에요.
십 원
십 원
50
100
500
Stan

# 제 07 장

# 돋보기와 미니어처

### 교과 연계

**중등 1** | 기본 도형과 작도
**중등 2** | 도형의 닮음

### 학습 목표

닮음의 하나인 확대는 크기를 더 크게 하는 것인데 그 예로 돋보기나 현미경, 망원경을 들 수 있다. 그리고 반대로 크기를 작게 하는 것을 축소라고 하는데 미니어처, 제주도의 소인국 테마파크 등이 축소를 이용한 예이다. 이런 확대와 축소에 대해 학습한다.

열정 선생님, 돋보기로 물체를 보면 크게 보이잖아요. 이것도 닮음인가요?

탈레스 돋보기는 확대경이라고도 하는데, 사람의 눈으로 자세히 볼 수 없는 물체의 아주 작은 부분을 확대하여 관찰하기 위한 볼록렌즈예요.

확대란 모양이나 규모 따위를 더 크게 하는 것을 말해요. 어떤 도형을 모양은 바꾸지 않고 확대 또는 축소하여 얻은 도형을 닮음이라고 하기 때문에 돋보기로 물체를 보는 것도 닮음에 해당된답니다.

돋보기는 가까운 글씨나 물체를 확대해서 볼 때 사용하는데 약 5배까지 확대할 수 있어요. 돋보기로 손을 들여다보세요. 손등이 어떻게 보이나요?

열정 와! 손등의 땀구멍하고 손에 나 있는 털이 크게 보여요.

**탈레스** 할아버지나 할머니들이 글씨가 안 보이신다면서 안경을 쓰시지요? 이때 쓰시는 안경도 글씨를 크게 볼 수 있도록 돋보기를 이용한 거예요.

이것 말고 돋보기로 할 수 있는 것이 무엇이 있을까요? 돋보기는 볼록렌즈를 이용했기 때문에 물체를 크게 볼 수도 있지만, 햇빛을 한 곳으로 모을 수도 있어요. 빛이 한 곳으로 모이면 뜨거워져서 불이 붙지요.

그럼 돋보기처럼 물체를 확대해서 볼 수 있는 것에는 또 어떤 것이 있을까요?

열정 과학 시간에 세포를 관찰할 때 현미경을 사용해서 보았는데 현미경도 물체를 확대하는 것 같아요.

탈레스 맞아요. 현미경은 인간의 눈으로 관찰할 수 없는 0.1㎜ 이하의 작은 물체나 미생물을 확

대하여 보는 장치이지요. 현미경은 대물렌즈와 접안렌즈를 이용하여 조리대 위에 물체를 놓고 관찰하지요. 최고 수천만 배까지 확대해서 볼 수 있는 현미경도 있다고 하네요. 그리고 또 확대해서 볼 수 있는 것에는 망원경이 있어요. 망원경은 멀리 있는 물체를 확대하여 확실하게 보는 장치인데 요즘은 아주 멀리 있는 별도 관찰할 수 있는 천체망원경도 있답니다.

열정 선생님, 확대란 모양이나 규모 따위를 더 크게 하는 것이라고 하셨는데요. 그럼 더 작게 하는 것은 없나요?

탈레스 왜 없겠어요? 당연히 있지요. 모양이나 규모 따위를 더 작게 하는 것을 축소라고 해요. 앞에서 배운 확대와 함께 닮음에 해당되지요. 이 축소도 확대만큼이나 우리 생활 주변에서 많이 볼 수 있어요. 하지만 무조건 작게만 만든다고 해서 수학에서 말하는 축소는 아니에요.

수학에서 말하는 축소는 일정한 비율로 그 모양을 그대로 줄여서 만든 것을 말해요. 작게 만들더라고 그 모양은 실제 모양과 같아야 되는 거지요. 이러한 축소는 원래 크기로 만들 수 없을 때 많이 사용된답니다. 열정 학생은 이러한 축소 모형을 본 적이 있나요?

열정 생각해 보니까 있어요. 어릴 때 자동차박물관을 갔는데 신기하게 그 큰 자동차를 손바닥만 하게 만들어 놓은 것을 본 기억이 있어요.

탈레스 그래요. 자동차박물관처럼 큰 것을 전시해 놓은 박물관에 가보면 축소 모형들을 많이

볼 수 있어요. 요즘은 많은 사람들이 미니어처를 만들고 있는 것을 볼 수 있어요. 미니어처라는 것은 실물과 같은 모양으로 정교하게 만들어진 작은 모형이에요.

이 미니어처는 축소를 가장 잘 표현한 것인데, 제주도에 있는 소인국 테마파크에 가보면 세계 각국의 유명한 건축물을 일정한 비율로 정밀하게 축소해서 만들어 놓은 것을 볼 수 있어요. 공원에 들어서면 마치 자신이 《걸리버 여행기》의 걸리버가 된 느낌이 들지요.

열정 와! 너무 멋있고 신기해요. 어떻게 저런 것을 만들 수 있는지……. 저도 미니어처를 만들어 보고 싶어요.

탈레스 지금까지 확대와 축소에 대해서 알아보았는데, 이러한 것들 외에도 우리 주위에는 확대와 축소를 이용한 것들이 많이 있어요.

열정 학생도 주위에서 확대와 축소가 어디에 사용되고 있는지 한번 찾아보세요. 생각하지 못했던 곳에서 많이 찾아볼 수 있을 거예요. 그럼 다음 시간에 다시 만나요.

제07장
## 핵심정리

- 확대란 모양이나 규모 따위를 더 크게 하는 것인데, 이것은 닮음에 해당된다.

- 우리 생활에는 확대를 활용한 예가 많이 있다. 돋보기나 미생물을 관찰하는 현미경, 멀리 있는 물체를 확대하는 망원경 등이 해당된다.

- 축소란 모양이나 규모 따위를 더 작게 하는 것이다. 축소도 닮음에 해당된다.

- 우리 주변에서 축소를 이용한 예로는 박물관의 전시관에서 축소해 놓은 모형을 많이 볼 수 있다. 실물과 같은 모양으로 정교하게 만들어진 것을 미니어처라고 하는데 이것도 축소를 이용한 예로 제주도의 소인국 테마파크를 들 수 있다.

우리 주위에서
볼 수 있는
확대에는 어떠한
것들이 있나요?
확대란
모양이나 규모
따위를 더 크게 하는
것인데, 물체를 확대
시키는 것에는 돋보기,
현미경, 망원경
등이 있어요.
그럼,
축소는 어디서
볼 수 있나요?
축소란
모양이나 규모 따위를
더 작게 하는 것인데,
물체를 축소시켜 놓은
것은 박물관이나 소인국
테마파크 같은 곳에 가면
볼 수 있어요.

제 08 장

# 아름답게 느껴지는 비율, 그 이름은 황금비

**교과 연계**

**초등 6-1** | 6단원:비와 비율

**학습 목표**

앞에서 배웠던 닮음을 기억하면서 닮음비의 한 예인 황금비에 대해 학습한다. 무엇을 황금비라고 하는지, 황금비의 예에는 어떤 것들이 있는지 살펴본다.

열정 선생님, 황금비에는 황금이 있나요?

탈레스 열정 학생도 참, 농담도 할 줄 아네요. 그럼 붕어빵에는 붕어가 있나요? 황금비에는 황금이 있는 것이 아니라 황금만큼 아름다워서 황금비라고 불러요. 다음 그림은 보티첼리의 '비너스의 탄생'이라는 작품입니다. 이 그림을 보면 안정감을 느낄 수 있다고 해요.

그 이유는 이 그림의 가로와 세로의 비가 황금비를 이루기

보티첼리의 '비너스의 탄생'

때문이지요. 황금비는 사람들이 가장 편안하고 아름답게 느끼는 비율을 말하는데, 이 황금비를 선분을 나누어서 나타내면, 황금비는 전체 길이 : 긴 길이 = 긴 길이 : 짧은 길이를 만족하는 비율이에요.

위와 같이 직선을 나누었을 때 전체 길이 : 긴 길이 = 긴 길이 : 짧은 길이 = 1.6 : 1이 되면 황금비라고 해요. 이 황금비는 닮음비를 나타낸 것 중 대표적인 것이지요.

열정 그냥 황금비는 아름다움을 느끼는 비율이라고 할 때는 '아, 그렇구나!' 했는데, 역시 수학적으로 설명하니까 머리가 지끈거리네요.

탈레스 열정 학생은 엄살도……. 잘 알면서 그런 말을 하네요. 어쨌든 황금비는 자연스럽게 아름다움을 느낄 수 있게 나누어진 비라고 생각하면 될 거예요. 황금비를 좋아한 사람으로는 피타고라스만한 사람이 없

었어요. 피타고라스는 어느 날 정오각형을 그리고 꼭지점들을 이어 대각선을 그어 별 모양을 만들었어요. 이 별 모양을 보면 대각선과 대각선이 만나면서 자연스럽게 짧은 부분과 긴 부분으로 나누어지잖아요. 이때 생기는 짧은 선과 긴 선의 길이의 비율이 황금비를 이룬다는 것을 발견했어요. 그 길이를 잰 비율이 1∶1.6이란 숫자가 나온 거예요. 피타고라스는 이 별의 여러 부분에서 황금비가 나타난다는 것을 발견하고는 "와! 정말 대단한 발견이다. 이제부터 정오각형의 별을 내 상징으로 삼을 테다"라고 말하고 자신이 만든 학교 문 앞에 이 별을 그려두기도 했고, 자신의 제자들에게도 가슴에 별 모양을 달고 다니게 했어요.

열정 와! 피타고라스는 정말 별 모양을 좋아했나 봐요.

탈레스 그럼요. 심지어 피타고라스는 이 황금비에 대해서 '우주의 비밀을 푸는 열쇠'라고 말했는걸요. 다른 사람들도 이 황금비에 대해서 한 마디씩 했는데, 플라톤은 '이 세상 삼라만상을 지배하는 힘의 비밀을 푸

는 열쇠'라고 했고, 시인 단테는 '신이 만든 자연의 예술품'이라고까지 말했어요.

황금비를 이용한 것들은 우리 주위에서 또는 자연 속에서 얼마든지 찾아볼 수 있어요. 그럼 지금부터 황금비가 사용된 것들에 대해서 찾아볼까요? 우선 건축물에서 황금비가 사용된 곳을 찾아보면 파르테논 신전을 예로 들 수 있어요.

파르테논 신전은 그리스 아테네의 아크로폴리스에 있는데, 기원전 479년에 페르시아인이 파괴한 옛 신전 자리에 아테네인이 아테네의 수호여신 아테나에게 바친 거예요. 이 파르테논 신전은 신전의 세로와 가로의 길이의 비가 1 : 1.6을 이루고 다른 부분들도 황금비를 이루고 있는 것을 볼 수 있어요. 그래서 파르테논 신전은 더욱 아름다움을 뽐낼 수 있었지요.

열정 파르테논 신전이 황금비로 만들어졌다고 하셨는데, 일부러 황금비로 만든 것인가요?

탈레스 파르테논 신전을 처음부터 황금비로 만들 생각이었는지는 모르겠지만, 신전을 최대한 아름답게 만들려고 하다 보니 황금비가 되지 않았나 생각해요. 이것 말고도 세계 7대 불가사의 중 하나인 피라미드도 좋은 예에요. 피라미드는 우선 그 크기에 놀라고, 그렇게 큰 건물을 아무런 기계도 없던 옛날에 지었다는 것에 놀라게 되지요. 고대 이집트의 국왕, 왕비, 왕족 무덤의 한 형식으로 이집트인은 메르라고 불렀던 이 거대하고 신비로운 피라미드도 밑면인 정사각형의 각 변으로부터 중심에 이르는 거리와 능선의 길이의 비가 황금비인 1 : 1.6을 이루고 있어요.

지금까지 닮음비의 예 중 황금비에 관해서 알아보았는데, 재미있었나요? 황금비가 사용된 곳은 건축물인 파르테논 신전과 피라미드 외에도 무수히 많이 있어요. 우리 주위에서 아름다운 황금비가 사용된 것을 찾아보는 것도 괜찮겠지요? 다음 시간에는 열정 학생이 무엇을 물어볼지 궁금하네요.

제 08 장

# 핵심정리

- 황금비는 닮음비의 한 예이다.

- 황금비는 사람들이 가장 편안하고 아름답게 느끼는 비율을 말한다.

- 황금비는 전체 길이 : 긴 길이 = 긴 길이 : 짧은 길이 = 1.6 : 1을 나타내는 비율이다.

- 황금비의 예로는 피타고라스의 별, 파르테논 신전, 피라미드 등이 있다.

우리 황금비
미술관에
오신 것을
환영합니다.
황금비와 미술
황금비는
사람들이 가장
편안하고 아름답게
느끼는 비율이에요.
유명한 미술작품
속에 숨겨진
황금비를 찾아
보도록 해요.
레오나르도 다
빈치의 '최후의
만찬'은 가로와
세로의 비가
황금비예요.
보티첼리의 '비너스의 탄생'도
가로와 세로의 비가 1.6:1로
황금비예요.
'밀로의
비너스상'으로
상체와 하체의 비가
황금비를 이루고
있어요.
이것은 몬드리안의 '황 ·
적 · 청'인데 황금분할기로
황금비가 됨을 보여주고
있지요.
그럼, 이런 미술작품들
말고 우리 주위에서
볼 수 있는 황금비는
없나요?
액자, 명함, 신용
카드, 엽서 등이
있어요.
KT
VISA

제09장

# 길이가 2배면 넓이와 부피는 몇 배일까?

교과 연계

**초등 6-1** | 5단원:겉넓이와 부피

학습 목표

닮음의 관계에 있는 두 도형에서 길이가 2배, 3배로 길어지면 넓이와 부피는 얼마나 커지는지, 그 관계를 알아본다. 《걸리버 여행기》 이야기를 통해 재미있게 넓이와 부피를 이해한다.

열정 선생님, 닮음비란 두 닮은 도형에서 대응하는 변의 길이의 비라고 하셨는데, 길이가 2배로 길어지면 넓이도 2배가 되나요?

탈레스 이제는 열정 학생이 어려운 것을 알고 싶어 하는군요. 길이가 2배로 길어지면 넓이도 2배가 되는지를 알기 위해서는 우선 무엇을 알아야 할까요? 그럼 지금부터 선생님하고 같이 열정 학생이 궁금해 하는 것을 알아보기로 하지요. 먼저, 직선이 있을 때 길이를 2배로 한다는 것은 무슨 뜻일까요?

열정 그야 당연히 길이를 2배 늘이는 것 아닌가요. 직선의 길이가 2cm이면, 이것의 2배니까 4cm가 되네요.

탈레스 잘 알고 있네요. 그럼 직사각형에서 길이를 2배로 한다는 것은 무슨 뜻일까요? 그것은 한쪽만 2배를 하는 것이 아니라 가로와 세로의 길이를 모두 2배 한다는 뜻이에요.

그럼 식빵을 가지고 길이와 넓이에 대해서 알아볼까요?

직사각형 모양의 식빵이 하나 있다고 해봐요. 이것을 가로의 길이만 2배로 늘인다고 생각해 봐요. 가로의 길이만 2배로 늘였더니 식빵이 2개가 되지요. 그럼, 식빵의 가로의 길이와 세로의 길이를 모두 2배로 늘여 보겠어요. 이 식빵의 가로와 세로의 길이를 모두 2배로 하면 식빵은 모두 몇 개가 되나요?

열정 식빵은 모두 4개가 되었어요. 아하! 선생님, 알겠어요. 도형에서 길이를 2배로 늘이면, 그 넓이는 4배로 커진다는 것을 말씀하시는 거지요?

탈레스 맞아요. 좀 더 구체적으로 이야기하자면 길이를 2배로 늘이면 넓이는 2배×2배해서 4배가 되고, 길이를 3배로 늘이면 넓이는 3배×3배해서 9배가 되는 거예요. 길이를 몇 배하면 넓이는 그 몇 배한 것을 두 번 곱한 것만큼 커진다는 뜻이에요. 이제 넓이는 알겠지요?

그럼 부피를 살펴보죠. 부피도 넓이와 비슷하게 생각하면 돼요. 넓이는 평면도형이고, 부피는 입체도형이기 때문에 높이라는 길이가 하나 더 생겼어요. 그래서 넓이는 가로×세로, 부피는 가로×세로×높이로 구해요. 그럼 큐브를 가지고 길이와 부피에 대해서 알아봐요.

큐브는 여섯 가지 색의 플라스틱 주사위 27개로 된 정육면체의 각 면을 같은 색으로 맞추는 장난감으로, 각 면은 가로와 세로가 각 세 줄로 나누어졌고, 각 줄마다 360도 회전이 가능해요. 이것은 헝가리 건축가 루빅이 만든 것인데, 대한민국에는 1980년에 들어왔어요.

자, 그럼 여기  (큐브 조각)이 있어요. 이것을 가로, 세로, 높이 모두 2배로 늘여 보겠어요. 그러면  이 되겠지요. 단지 길이를 2배씩 늘였을 뿐인데, 조각은 8개가 되었어요. 길이를 3배, 4배, 5배씩 늘이면 어떤 모양이 될까요?  ,  ,  이런 모양이 될 거예요. 그럼 길이를 3배, 4배, 5배했을 때의 큐브 조각의 개수를 머리로 상상해서 세어 보세요. 큐브 안에 숨겨져 있는 조각들도 세어야겠지요. 길이를 3배하면 조각은 27개, 4배하면 64개, 5배하면 조각은 125개가 되지요.

넓이에서와 마찬가지로 부피는 길이가 세 부분이니까 길이를 3배하면 3배한 것을 3번 곱하고, 4배하면 4배한 것을 3

번 곱하고, 5배하면 5배한 것을 3번 곱하면 전체 큐브 조각을 구할 수 있어요. 큐브 조각은 이런 식으로 잘 구할 수 있으니까, 나중에 연습해서 큐브 빨리 맞추기 대회에 참가해 보는 것도 재미있겠네요.

지금까지 닮음비와 넓이, 부피와의 관계에 대해서 알아보았는데, 이러한 관계를 잘 나타내고 있는 소설이 있어서 한 편 소개할까 해요. 열정 학생도 읽어본 책일 거예요. 제목은 《걸리버 여행기》예요.

영국의 소설가인 조나단 스위프트가 쓴《걸리버 여행기》는 걸리버가 여행을 하면서 겪은 것을 이야기로 나타낸 거예요. 이 이야기에 보면 주인공 걸리버가 난쟁이 나라에 도착했을 때, 그곳에 살던 소인국의 황제는 '산더미같이 거대한 사람'에게 몇 가지 의무를 준수하도록 요구하면서, 리리파트(소인국) 사람 1,728명분의 하루 식량에 해당하는 음식을 매일 제공하기로 했어요.

걸리버의 말을 들어보면 그의 식사는 매우 많은 사람들을 동원해서 준비되었어요.

"300명의 요리사가 내 식사를 준비하였으며, 내 집 주위에는 다른 작은 집들이 세워지고, 거기서 요리사들은 가족들과 함께 지내면서 요리를 했습니다. 식사 때마다 나는 20명의 하인을 식탁 위에 집어 올려주었습니다. 그러면 마루에 100명쯤의 또 다른 하인들이 지시나 명령을 기다리고 있어서, 어떤 사람은 음식 접시를 내밀고, 어떤 사람은 포도주며 다른 음료를 담은 통을 두 사람씩 어깨에 걸친 막대로 운반하기도 했습니다. 식탁 위에 있는 하인은 내가 원하는 것을 밧줄과 도르래를 이용하여 무엇이건 끌어 올렸습니다"라고 걸리버는 말하고 있어요.

**명정** 선생님, 그런데 왜 리리파트인들은 걸리버에게 100인분도 아니고, 1,000인분도 아닌 1,728인분이라는 하루 식사량을 정했나요?

**탈레스** 이것은 수학적 계산에 의해서 나온 양이기 때문이에요. 그냥 100인분, 1,000인분이라고 했으면 이 소설은 사실성과 구체성이 떨어졌을 거예요. 그럼 왜 1,728인분일까요? 그것은 걸리버의 키가 리리파트인들보다 12배가 컸기 때문이에요. 그런데 기껏해야 12배 컸을 뿐

인데, 식사량은 그렇게 많이 차이가 나는 걸까요? 이것은 앞에서 배운 닮음비와 부피와의 관계 때문이에요. 앞에서 길이를 2배하면 부피는 2배한 것을 3번 곱한 값, 2×2×2를 계산해서 8배가 된다는 것을 배웠지요. 그렇다면 걸리버는 리리파트인보다 12배가 크기 때문에 몸 전체의 크기(부피)는 12배를 3번 곱한 값, 즉 12×12×12를 계산해서 1,728배가 되는 거예요. 따라서 리리파트인들은 정확한 계산을 통해서 자신보다 12배 큰 걸리버에게 1,728인분의 식사를 제공하기로 한 거지요. 이처럼 동화 속에도 수학은 중요한 부분으로 등장해요.

열정 저는 작가가 그냥 1,728인분을 써 놓았다고 생각하고 아무 생각 없이 읽었는데, 동화도 사실적이고, 정확하게 써야겠다는 생각이 들어요.

탈레스 재미있었나요? 이제 다음이 마지막 시간이네요. 마지막 시간에 열정 학생이 무엇을 물어볼까요? 그럼 다음 시간에 만나요.

제 09장

## 핵심정리

- 두 닮은 도형에서 길이가 2배로 길어지면 넓이는 $2 \times 2 = 4$배가 되고, 길이가 3배로 커지면 넓이는 $3 \times 3 = 9$배가 된다.

- 두 닮은 도형에서 부피는 길이가 가로, 세로, 높이 세 부분이니까 길이를 3배하면 3배한 것을 3번 곱하고, 4배하면 4배한 것을 3번 곱하고, 5배하면 5배한 것을 3번 곱하여 구하면 된다.

- 걸리버는 리리파트인보다 12배 컸기 때문에 $12 \times 12 \times 12 = 1{,}728$로 계산해서 1,728인분의 음식이 필요했던 것이다.

수박이
싸요!

엄마!
나 수박 사줘.
그래.
한 번 골라
보렴.

엄마,
작은 게 있고,
큰 게 있는데
어떡해요?

₩6,000
₩4,000
어떤 걸
사는 게 더
유리할까?

탈레스 선생님,
도와주세요!

두 수박의 반지름의 비가
1 : 2이므로, 부피의 비는
1 : 8이 되지요. 따라서 반지름
10㎝인 수박 8개와 반지름
20㎝인 수박 1개의 양이
같은 것이 됩니다.

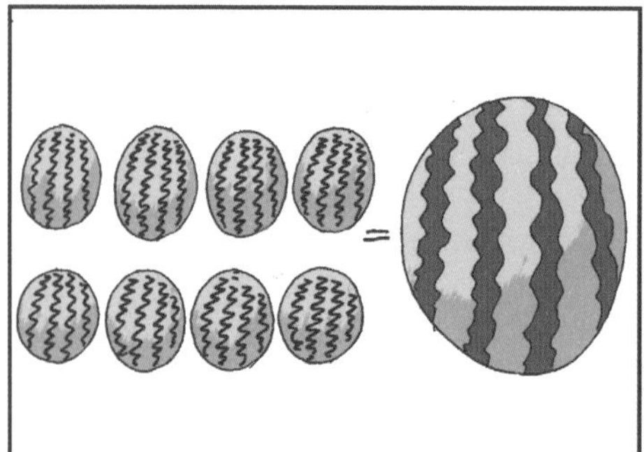

엄마! 큰 거
하나 사는
것이 더
유리해요. 우리
큰 것 사요.
그러자꾸나!

제10장

# 막대기로 피라미드 높이 재기

교과 연계

**초등 6-1** | 7단원:비례식

학습 목표

탈레스가 비례식을 이용하여 피라미드의 높이를 어떻게 구했는지 알아보고, 비례식에 대해 학습한다. 비례식을 이용해서 피라미드의 높이를 구한 것처럼 수학은 어려운 공부가 아니라 우리의 생활 속에서 유용하게 사용되고 있다는 것을 깨닫자.

열정 엄마한테 선생님에 대해서 물어봤더니 "아하! 비례의 신!"이라고 하시는 거예요. 엄마는 왜 선생님을 '비례의 신'이라고 부르나요?

탈레스 열정 학생은 선생님이 왜 '비례의 신'인지가 궁금하군요. 좋아요. 그럼 지금부터 선생님이 '비례의 신'이라고 불린 이유에 대해서 설명해 주겠어요.

나는 여러 나라를 다니면서 물건을 파는 일을 했어요. 그래서 여러 나라를 다니면서 여행도 하고 신기한 것들도 많이 보고, 새로운 것들도 많이 공부하게 되었지요. 이집트를 여행하던 중 피라미드를 보았는데, 그 모습에 나는 무척 놀랐어요.

옛날 이집트인들은 사람은 몸은 죽어도 영혼만은 죽지 않으며 어느 때인가는 되돌아온다는, 이른바 영혼불멸을 굳게 믿고 있었어요. 이집트 왕들은 커다란 집을 좋아했던 모양이에요. 죽어서도 어마어마하게 큰 무덤에 묻히길 바랐으니까요. 그래서 왕이 죽으면 돌로 산과 같은 큰 무덤을 쌓아올려, 거대한 묘에 시체가 썩지 않도록 해서 묻었어요. 이러한 피라미드는 엄청 많은 사람들이 수백 년에 걸쳐 일을 해야 만들 수 있는 거예요.

피라미드를 보면서 나는 문득 이런 생각이 떠올랐어요.

'저 커다란 피라미드의 높이는 얼마나 될까? 어떻게 하면 높이를 구할 수 있을까? 내가 저 피라미드의 높이를 구해보고 싶다'

그래서 그 당시 왕이었던 아마시스 왕을 찾아가 "제가 피라미드의 높이를 구해 보겠습니다"라고 말했어요. 그 당시는

아무도 그런 생각을 하지 않았을 뿐만 아니라, 어마어마하게 큰 피라미드의 높이를 구할 방법이 없었기 때문에 피라미드의 높이를 구할 생각조차 하지 못하고 있을 때였어요. 그래서 내가 피라미드의 높이를 구하겠다고 하니까 이집트 왕뿐만 아니라 모든 이집트인들은 놀라워했답니다.

드디어 내가 피라미드 높이를 구하겠다고 한 날이 왔어요.

나는 자와 막대기 하나를 가지고 피라미드의 높이를 구하려고 피라미드가 있는 곳으로 갔어요. 그곳에는 피라미드 높이를 어떻게 구하는지 구경하려고 왕뿐만 아니라 수많은 사람들이 와 있었어요. 사람들은 내가 자와 막대기만 가지고 온 것을 보고, 수군거리기 시작했어요.

'저 사람은 분명 사기꾼이야. 자와 막대기로 어떻게 저렇게 큰 피라미드의 높이를 잰단 말이야. 저 사람은 자기가 피라미드 높이를 구하겠다고 말해 놓고, 구할 방법이 없으니까 우리를 속이려는 걸 거야.'

열정 선생님, 저도 어떻게 자와 막대기만으로 피라미드의 높이를 구하셨는지 궁금해요. 빨리 가르쳐주세요.

탈레스 그럼 내가 어떻게 피라미드 높이를 구했는지 간단하게 가르쳐줄게요.

먼저 피라미드와 조금 멀리 떨어진 곳에 하늘을 향해 직각으로 막대기를 꽂았어요. 그랬더니 막대기 아래로 긴 그림자가 생겼답니다. 그래서 나는 막대기의 길이를 높이로 하고,

그림자의 길이를 밑변으로 하는 직각삼각형을 만들었어요. 같은 시각에 피라미드에도 그림자가 생겼어요. 피라미드 꼭대기에서 피라미드 중심까지 수직으로 내려오는 거리를 피라미드의 높이라고 해요. 이렇게 피라미드의 높이와 그림자를 가지고서 새로운 직각삼각형을 만들었어요. 이 두 직각삼

각형은 닮은 도형입니다. 닮은 도형에서 대응하는 변의 길이의 비인 '닮음비는 같다'라는 것을 배웠지요. 그래서 막대기의 그림자와 피라미드의 그림자의 비가 막대기의 길이와 피라미드의 높이의 비가 같다는 것을 이용하여 피라미드에는 손 하나 대지 않고 피라미드의 높이를 잴 수 있었어요. 이 모습을 본 이집트인들은 나에게 '비례의 신'이라는 별명까지 붙여줬어요.

열정 와! 선생님 정말 대단하세요. 막대기 하나로 그 높은 피라미드의 높이를 잴 수 있다니 생각지도 못했던 일이에요.

탈레스 그래요. 그냥 공부만 열심히 한다고 되는 일은 아니에요. 공부를 하더라도 창의력을 가지고 공부한 것을 실생활에 적용하려고 노력을 해야 공부가 더 재미있어지는 거예요. 공부란 다른 사람이 하는 것이 아니라 내가 직접 해서 내 것으로 만들어야지 진정한 공부가 되는 거예요.

지금까지 선생님하고 합동, 닮음, 비례식 등에 대해서 알아보고 실제 우리의 생활 속에서 이러한 것들이 사용되는 예도 찾아보고 실제로 우리가 만들어 보기도 했지요.

지금까지 살펴봤으니 알겠지만 수학은 어려운 공부가 아니라 우리의 삶 속에서 유용하게 또는 아름답게 사용된답니다. 선생님과 공부한 내용이 열정 학생에게 많은 도움이 되었으면 좋겠네요. 또 궁금한 점이 있으면 어디서든 선생님을 부르세요.

제 10 장
# 핵심정리

- 탈레스는 비례식을 이용하여 막대기 하나로 피라미드의 높이를 재었기 때문에 '비례의 신'이라는 별명이 붙었다.

- 탈레스는 막대기 길이 : 피라미드 높이 = 막대기 그림자 길이 : 피라미드 그림자 길이를 계산하여 피라미드의 높이를 구했다.

- 수학은 어려운 공부가 아니라 우리의 삶 속에서 유용하게 사용된다.

63빌딩의
높이를 잴 수 있는
방법에는 무엇이
있을까요?

63빌딩에
올라가서 줄자를
늘어뜨리면
됩니다.

층마다
높이를 재서
다 더하면 됩니다.

삼각형의
닮음을 이용해서
구하면 됩니다.

옛날에
탈레스 선생님도
피라미드의 높이를
이런 방법으로
쟀다고 하셨죠.

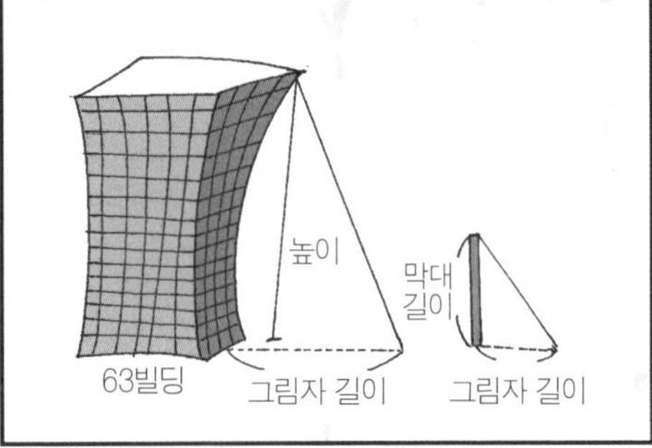
높이
막대
길이
63빌딩
그림자 길이
그림자 길이

맞아요. 열정이는 배운 보람이 있군요.
다시 설명하자면 막대기의 그림자의
길이:63빌딩의 그림자 길이=
막대기의 길이:63빌딩의 높이를
계산하면 됩니다.
감사합니다.

부록
여행기

# 수학이의 수학 여행기!

"수학아, 수학아, 빨리 와!"

수학이가 다니는 초등학교의 6학년 학생들은 오늘 경주로 수학여행을 떠납니다. 그런데 수학이가 늦어서 모두들 수학이를 기다리고 있는 중이었습니다. 머쓱한 표정으로 수학이가 달려왔어요.

"왜 이렇게 늦었니?"

"어제 경주에서 찾아볼 수 있는 수학에 대해서 조사하느라 늦게 자서 늦잠을 잤어."

내 친구 수학이를 소개하자면 나하고 가장 친한 친구이고, 운동도 잘하고, 착한 친구인데, 무엇보다도 수학을 굉장히 잘합니다. 어쩜 이름이랑 같은지 매번 감탄하게 되는, 이름대로 항상 수학만 생각하는 친구이지요. 아마도 수학이의 부모님은 미리 예견이라도 하신 듯 수학이의 이름을 그렇게 지어 주신 것 같습니다. 수학을 열심히 공부하다 보니 우리들은 모르는 수학 문제나 궁금한 수학 이야기 같은 것들을 수학이한테 묻곤 합니다.

이제 버스가 출발하기 시작했습니다. 선생님께서는 학생들이 다 왔는지 출석도 부르시고, 아픈 학생이 없는지 묻기도 하시고, 우리들 자리도 확인하시고, 안전벨트도 확인하시는 등 여러 가지를 하시느라 바쁘셨습니다. 모든 점검이 끝나자, 선생님께서 이야기를 시작하셨습니다.

"수학여행 가니까 좋아요?"

"예, 신나요!"

"우리가 오늘 가는 곳이 어딘가요?"

"경주요!"

"선생님, 선생님 이름이 김주경이잖아요. 거꾸로 하니까 경주가 되네요."

"이름이 뭐냐? 성함이지."

"앗, 죄송해요."

"그래요, 선생님 이름을 거꾸로 하면 경주가 되죠? 그래서 어렸을 적부터 경주에 대해서 많이 공부하게 되었답니다. 경주에 대해서 궁금한 것이 있으면 무엇이든지 물어보세요."

선생님께서는 경주의 역사와 문화에 대해서 자세히 설명해 주셨습니다. 문화재에 얽힌 재미있는 이야기가 나올 때

는 신기하기도 하고 재미있기도 했지만, 지루한 이야기를 하실 때는 친구들과 장난치기도 했습니다. 경주의 역사에 대해서 설명을 마치신 선생님과 종종 게임도 함께했습니다. 처음 떠나는 수학여행이라서 들떠 있기도 하고, 즐겁기도 해서 시간이 어떻게 가는지 모를 정도로 버스에서 재미있는 시간을 보낼 수 있었습니다.

버스에서 재미있게 놀고 있는 사이 점심시간이 다가왔습니다.

"여러분, 배고프죠? 잠시 후 휴게소에 들러서 도시락을 먹을 텐데 점심을 다 먹고는 어느 차에 타야 하나요?"

"당연히 지금 타고 있는 우리 차에 타야 돼요!"

"어떤 차가 우리 차인지 어떻게 알 수 있나요?"

"……."

"우리는 몇 반이죠?"

"8반이요."

"그럼 1반부터 8반까지 학생들이 타고 있는 버스는 어떻게 생겼나요?"

"모두 똑같이 생겼어요."

"그래요. 1반부터 8반까지 학생들이 타고 있는 버스는 모두 똑같이 생겼어요. 모두 합동이지요. 버스가 모두 합동이기 때문에 학생들이 자기가 타고 온 버스를 찾을 수 있도록 버스 앞에 학교 이름과 6학년 몇 반이라고 각 반을 써 놓았어요. 버스 앞에 써 놓은 것을 보고 여러분이 타고 온 버스를 찾으면 되겠죠?"

"네~."

우리는 빨리 밥을 먹을 생각에 버스가 떠나가라 고함을 쳤어요.

휴게소에 도착해서 배고픈 우리들은 여기저기 모여 집에서 싸온 도시락을 먹고, 재미있게 놀다 보니 출발할 시간이 되었죠.

나와 수학이는 버스에 타기 전에 화장실에 갔어요. 그런데 화장실에 있는 변기들이 모두 똑같이 생긴 것 아니겠어요? 수학이가 변기들을 보더니 이렇게 말했어요.

"변기들을 봐, 모두 똑같이 생겼지? 이렇게 똑같이 생긴 것을 합동이라고 해."

"피~ 누가 수학박사 아니랄까 봐, 이런 데서도 수학 이야기를 해."

그렇지만 평소에 지나쳤던 것을 수학이가 이야기해 주니까 때론 고맙기도 했어요. 그래서 나는 수학이한테 물어봤어요.

"그럼 저기 화장실 문들도 똑같이 생겼으니까 합동이겠네?"

"이야! 역시 넌 내 친구다워."

"나도 하면 잘 한다고!"

우리는 화장실을 나와서 버스를 타려고 주차장으로 갔는데 역시나 비슷하거나 똑같이 생긴 버스들이 많이 있었습니다. 그래서 선생님 말씀대로 쓰여 있는 글씨를 보고 우리가 타고 온 버스를 쉽게 찾을 수 있었어요.

선생님은 학생들이 모두 탔는지 인원 파악을 하시고는 다시 경주를 향해 출발했어요. 경주까지 가는 동안에 집에서 가지고 온 과자도 먹고 재미있는 게임도 하면서 놀았어요. 한참을 재미있게 놀고 있는데, 선생님께서 마이크를 잡으시더니 말씀을 시작했어요.

"자! 여기서부터 여러분이 기다리고 기다리던 경주입니다."

"와~ 경주다!"

"우리는 숙소에 가기 전에 먼저 불국사와 석굴암을 구경할 거예요."

"불국사요? 절인가요? 석굴암은 또 뭐예요?"

"지금부터 선생님이 불국사와 석굴암에 대한 이야기를 해 줄게요. 큰 머리와 넓은 이마를 가지고 태어난 김대성은 어렸을 때 이러한 외모 때문에 '큰 성'이라는 뜻을 나타내는 대성이라는 이름이 지어졌어요. 그는 시골 마을에서 홀로된 어머니와 마을 부자의 논에서 일을 하면서 살았어요. 열심히 일한 덕분에 마침내 작은 오두막을 짓고 작은 땅을 소유할 수가 있었답니다. 하루는 종교적인 모임을 열기를 원하는 점개라는 스님이 흥륜사에서 마을로 내려와 사람들에게 보시(불가에 재물을 내어 다른 사람을 도와줌)를 요청했어요. 부자가 베 50필을 보시하니 점개는 부자에게 '신도께서 보시를 좋아하니, 천신이 항상 수호하소서. 하나의 보시로 만 배를 얻고 안락하게 장수하소서'라고 말했어요.

대성이는 이를 듣고 뛰어 들어가 어머니에게 말했어요.

'제가 문 밖에서 스님이 말씀하시는 것을 들으니, 하나를 보시하면 만 배를 얻는다고 합니다. 생각해 보니 우리가 전생에 선한 일을 못해서 지금 이렇게 가난한 것인데, 지금 또 보시하지 않는다면 내세에는 더욱 가난할 것이니 제가 고용살이로 얻은 밭을 법회에 보시하여 훗날에는 부자로 사는 것이 어떨까요?'

어머니 역시 좋다고 하여 그 밭을 점개에게 보시하였어요. 얼마 뒤 대성이 죽었는데 그날 밤 재상 김문량의 집에 '모량리 대성이란 아이가 지금 너의 집에 태어날 것이다'라는 외침이 하늘로부터 들렸어요. 집안 사람들이 놀라 사람을 시켜 찾아보도록 하였더니 대성이 과연 죽었는데 외침이 있던 때에 임신하여 아이를 낳으니 왼손을 꼭 쥐고 펴지 않다가 7일 만에 폈어요. 손 안에는 '대성'이라고 새긴 금패쪽이 있어 또 대성이라고 이름을 지었어요. 그리고 그 어머니를 모셔다가 함께 봉양했어요.

이미 장성한 대성은 사냥을 좋아하여 하루는 토함산에 올라 곰 한 마리를 잡고 산 아래 마을에서 잤어요. 꿈에 곰이 귀신으로 변하여 시비를 걸었어요.

'네가 어째서 나를 죽였느냐? 내가 도리어 너를 잡아먹겠다.'

대성이가 두려워 용서를 빌자 귀신이 말했어요.

'나를 위하여 절을 세울 수 있겠느냐?'

대성은 그렇게 하겠다고 맹세한 후 꿈에서 깨어났어요. 그 후로 사냥을 금지하고 그 곰을 잡았던 자리에 장수사를 세웠답니다. 이로 인하여 마음에 감동이 있고 자비로운 마음이 더욱 깊어만 갔죠. 그리고 지금의 부모를 위하여 불국사를 짓고, 전생의 부모를 위하여 석불사(지금의 석굴암)를

만들어 신림, 효훈 두 스님을 청하여 각각 살도록 하였대요. 이렇게 해서 불국사와 석굴암이 지어진 것입니다."

불국사가 그냥 절인 줄만 알고 있던 우리들은 선생님의 이야기를 듣고 모두 감동했어요.

선생님의 이야기가 끝날 무렵 버스는 불국사에 도착해 반별로 줄을 서서 1반부터 선생님의 설명을 들으면서 구경하기 시작했습니다.

우리 반은 끝 반이라서 맨 뒤에 서서 출발했어요. 불국사로 들어가는 길은 참 아름다웠어요.

예쁜 길을 따라 들어가니 계단이 보였고, 선생님께서는 그 앞에 멈춰 서시더니 다시 설명을 해 주셨어요.

"지금 여러분 앞에 있는 계단의 이름은 청운교와 백운교입니다. 이 다리는 국보 제23호로 대웅전으로 향하는 자하문과 연결되는 다리로, 다리 아래의 일반인의 세계와 다리 위로의 부처의 세계를 이어주는 다리라고 전해지고 있어요. 청운교는 밑에 있는 계단으로 17단이고, 백운교는 위에 있는 계단으로 16단이에요. 청운교는 푸른 청년의 모습으로, 백운교는 흰머리 노인으로 빗대어지기도 해요. 그럼, 청

선대칭을 이루고 있는 청운교, 백운교

직각삼각형을 이루고 있는 청운교 옆모습

운교와 백운교의 계단은 모두 몇 개일까요?"

"33계단이요."

"그래요. 청운교와 백운교는 33계단입니다. 33이라는 숫자는 부처의 경지에 이르지 못한 33가지의 단계를 의미하지요. 이 계단의 중심선을 기준으로 왼쪽과 오른쪽을 비교해 보세요. 무엇이 생각나지요?"

"양쪽이 닮았어요."

"선대칭 모양입니다." 수학이가 대답했어요.

"역시 수학이구나. 그래요, 이 계단은 중심선을 기준으로 양쪽이 똑같기 때문에 선대칭이에요. 그럼 이번에는 청운교 옆을 보세요. 어떤 모양을 하고 있죠?"

"직각삼각형 모양이요."

대답을 하고 나서 우리들은 '아니 옛날에도 직각삼각형을 배웠나?'라는 생각이 들었습니다.

"그래요. 청운교는 3 : 4 : 5의 아름다운 균제비례를 이루고 있는 직각삼각형 모양을 하고 있어요. 여기서 보듯이 우리 조상님들은 수학을 건축에 이용했다는 것을 알 수 있어요."

이렇게 청운교와 백운교에 대한 설명을 다 듣고 옆으로 돌아서 위로 올라갔어요. 그곳에는 사회 시간에 공부했던 다보탑과 석굴암이 있었어요. 책에서만 보던 것을 실제로 보니까 너무나 기쁘고 반가웠어요. 우리는 모두 웅성대기 시작했어요. "와, 다보탑이다." "와, 석가탑이다." 그러자 선생님께서 조용히 하라고 주의를 주셨습니다. 먼저 다보탑 앞에 줄을 서서 앉자, 선생님께서는 다시 다보탑에 대해서 설명해 주셨어요.

"여러분은 다보탑을 어디서 보았죠?"

"사회 시간에 배웠어요"라고 모두들 대답하는데, 수학이가 갑자기 손을 들더니 "10원짜리 동전에서 보았어요"

국보 제20호 다보탑

라고 대답하는 것이었습니다.

"그래요. 10원짜리 동전에 보면 다보탑이 새겨져 있어요. 관심 있게 보지 않으면 잘 모르는데 수학이는 모든 것을 자세히 보는 모양이네요. 그럼, 이제 다보탑에 대해서 설명해 줄게요. 다보탑은 국보 제20호로 지정되어 있어요. 다보탑을 잘 보면 층수를 알 수 있을까요?"

"아니요. 몇 층인지 잘 모르겠어요."

"그래요. 다보탑은 층수를 헤아리기가 어려워요. 그리고 사방에는 돌계단이 있고, 그 위에 돌사자상이 있는데 원래는 4개가 있었다고 하네요. 지금은 한 개밖에 남아 있지 않아요. 위에 보면 8각형의 탑신을 볼 수가 있고 그 주위로 네모난 난간도 만들어져 있어요. 또 16장의 연꽃무늬도 새겨져 있어요. 다보탑을 보면 돌로 깎아 세운 것이라고는 상상할 수 없을 정도로 섬세하게 만들었습니다."

국보 제21호 석가탑

"와!"

우리는 자신도 모르게 감탄사가 나왔어요. 다보탑을 직접 보니까 정말 돌로 만들었다고는 믿기 어려울 정도로 아름답게 만들었기 때문이에요.

다음에는 다보탑 옆에 있는 석가탑 앞으로 가서 앉았어요. 다보탑을 보고 나서 석가탑을 보니까 너무 단순해 보였어요. 석가탑 앞에 모두 앉고 나서 선생님께서 다시 석가탑에 대해서 설명해 주시기 시작했어요.

"자, 여러분 이 탑의 이름은 무엇인가요?"

"석가탑이요."

모두들 알고 있다는 듯이 큰 소리로 대답했어요. 그러나 나서기를 좋아하는 홍기는 모처럼 아는 게 나왔는지 무영탑이라고 크게 이야기했어요.

"맞아요. 모두들 잘 알고 있네요. 이 탑은 석가탑이라고 하고, 무영탑이라고도 해요. 석가탑은 국보 제21호로 지정되어 있어요. 석가탑을 잘 보면 몇 층으로 보이나요?"

"5층이요", "3층이요" 등 여러 가지 대답이 나왔어요.

"자, 선생님하고 같이 탑을 볼까요. 이 탑을 자세히 보면 밑에 2층의 기단 위에 3층의 탑신을 세웠어요. 그래서 석가탑을 삼층석탑이라고 부르기도 한답니다. 그리고 탑 주위를 보면 연꽃무늬가 새겨져 있는 주춧돌 모양의 돌이 있는데, 이것을 부처님의 사리를 두는 깨끗한 곳이라고 해석하기도 해요. 석가탑 주위를 돌아가면서 탑을 보면 어떻게 보일까요?"

"돌아가면서 보아도 모두 똑같은 모양이에요."

"그래요. 석가탑은 돌아가면서 보아도 똑같은 모양을 볼 수 있어요. 그리고 이 탑에서 중요한 것이 발견되었는데 혹시 알고 있는 사람?"

"아니오. 잘 모르겠어요."

"석가탑은 1966년 9월에 도굴꾼에 의해 탑이 손상되는 일이 있었는데, 그해 12월에 탑을 복원하면서 2층 탑신의 몸돌 앞면에서 부처님의 사리를 모시던 사각형의 공간을 발견했어요. 여기서 여러 가지 사리용기들과 유물을 찾아냈는데, 그중에서 특히 '무구정광대다라니경'이라는 것이 발견되었어요. 이것은 세계에서 가장 오래된 목판인쇄물로 닥나무 종이로 만들어졌는데, 지금은 국립경주박물관에 보관되어 있어요."

"선생님, 이제 생각나요. 사회 시간에 배웠어요."

항상 궁금한 것은 못 참는 기수가 물었어요.

"선생님, 석가탑을 왜 무영탑이라고도 해요?"

"그것은 석가탑에 전해져 오는 전설 때문이에요. 그 전설에 대해서도 선생님이 이야기해 줄게요. 백제에는 아사달이라는 석공이 있었어요. 석가탑을 창건하던 김대성은 아사달을 불러 석가탑을 만들었죠. 아사달은 탑을 만드느라 집에도 가지 못하고 연락도 못한 채 한 해 두 해가 흘렀는데 남편이 빨리 탑을 완성해서 만날 날만을 기다리던 아사녀는 기다리다 못해 결국은 불국사로 아사달을 찾아왔어요. 그러나 탑이 완성되기 전까지는 여자를 들일 수 없다는 금기 때문에 아사녀는 아사달을 만날 수가 없었어요. 그래도 천리 길을 달려온 아사녀는 남편을 만나려는 뜻을 포기할 수 없어 날마다 불국사 문 앞을 서성거리며 먼발치로나마 남편을 보고 싶어 했어요. 이를 보다 못한 스님이 말했어요.

'여기서 얼마 떨어지지 않은 곳에 자그마한 연못이 있소. 지성으로 빈다면 탑 공사가 끝나는 대로 탑의 그림자가 연못에 비칠 것이오. 그러면 남편도 볼 수 있을 것이오.'

그 이튿날부터 아사녀는 온종일 연못을 들여다보며 탑의 그림자가 비치기를 기다렸어요. 그러나 탑의 그림자는 비치지 않았어요. 상심한 아사녀는 고향으로 되돌아갈 힘조차 없어서 남편의 이름을 부르며 연못에 몸을 던지고 말았답니다. 탑을 완성한 아사달이 아내의 이야기를 듣고 그 연못으로 찾아갔으나 아내의 모습은 볼 수가 없었어요.

아사달이 아내를 그리워하며 연못 주변을 방황하고 있는데, 아내의 모습이 앞산의 바윗돌에 비춰지는 것이 아니겠어요? 웃는 듯하다 사라지고 또 그 웃는 모습이 인자한 부처님의 모습이 되기도 했어요. 아사달은 그 바위에 아내의 모습을 새기기 시작했어요. 그리고 조각을 마친 뒤 연못에 몸을 던지고 말았지요. 그래서 이 연못을 그림자 연못, 다시 말해 '영지'라 부르고 끝내 그림자를 비추지 않은 석가탑을 '무영탑'이라고 부르게 된 거예요."

"선생님, 너무 슬픈 이야기예요."

이제는 자유롭게 구경하며 둘러보고 싶은데, 어쩔 수 없이 다음 장소로 이동을 했어요. 모두들 줄을 서서 불국사 대웅전을 한 바퀴 돌게 되었습니다.

경주 불국사 대웅전

"대웅전은 부처님을 모셔 놓은 곳이에요. 대웅전의 문을 보세요. 모두 어떻게 생겼죠?"

"모두 똑같이 생겼어요."

"그래요. 문들을 보면 모두 똑같이 만들었어요. 그럼 대웅전의 지붕을 보세요. 지붕의 가운데에 선을 긋고 양쪽을 비교해 보세요. 무엇을 알 수 있죠?"

"선의 왼쪽과 오른쪽이 선대칭을 이루고 있어요."

"그래요. 대웅전을 지을 때 선대칭을 이용하여 아름다움

을 나타내고자 했던 모양이에요."

아무렇지 않게 보였는데, 선생님의 설명을 들으니 대웅전이 참 아름답게 느껴졌어요.

"자, 지금부터 30분간 자유롭게 다니면서 구경도 하고 사진도 찍고 하세요. 30분 후에 모여서 내려가겠습니다."

우리는 너무 신나서 돌아다니면서 자유롭게 놀기도 하고 구경도 하고 사진도 많이 찍었어요. 핸드폰으로 사진을 찍는 친구도 있고, 카메라를 가지고 와서 사진을 찍는 친구들도 있었어요. 이렇게 친구들하고 사진을 찍다 보니 30분이 금방 지나갔어요.

"자! 이제 모이세요."

다음 장소는 석굴암이었습니다.

"석굴암까지는 산을 올라가야 하니까, 안전벨트를 꼭 매세요."

선생님 말씀대로 버스가 산을 오르기 시작하자 길이 너무 구불구불해서 멀미를 하는 친구들도 있었어요. 모두들 빨리 도착했으면 하는 생각이 간절했죠.

한참을 가더니 버스가 멈췄어요. 드디어 도착한 모양이에요. 버스에서 내리더니 다시 줄을 서기 시작했어요. 그런데 석굴암은 보이지 않는 거예요.

"선생님, 석굴암은 어디 있어요?"

"석굴암은 안쪽으로 더 걸어가야 돼요. 자, 그럼 줄을 서서 출발할까요?"

우리는 또 걸어야 된다는 생각에 투덜거리면서 걷기 시작했어요. 그런데 산길을 걷다 보니까 기분이 좋아지기도 했어요. 산길을 조금 걸어 들어가 석굴암에 도착했으나 생각했던 것보다 작았어요.

"뭐, 이렇게 작지? 도대체 석굴암은 어디 있는 거야?"

모두들 짜증 섞인 목소리를 내기 시작했습니다.

"석굴암은 앞에 보이는 저 위에 있어요. 길이 좁기 때문에 한 줄로 올라가서 보고 내려와야 해요. 여기서 먼저 석굴암에 대해서 설명할게요.

석굴암은 처음에는 석불사라고 불렸어요. 토함산 중턱에 백색의 화강암을 이용하여 인위적으로 석굴을 만들고, 내부 공간에 본존불인 석가여래불상을 만들었어요. 그 주위에 40개의 불상을 조각했는데, 지금은 38개만 남아 있어요. 얼마 전까지만 해도 석굴암 안에까지 들어가서 본존불상을 볼 수 있었는데, 지금은 석굴암 보존을 위해서 밖에서만 볼 수 있어요. 석굴암은 국보 제24호로 지정되어 있는데, 1995년 12월 불국사와 함께 유네스코 세계문화유산으로 공동 등록되었어요."

선생님의 설명을 듣고 올라가서 석굴암을 보았어요. 그런데 밖에서만 보니 너무 아쉬웠어요. 사진도 못 찍게 했고요.

석굴암을 보고 내려오는데 수학이가 갑자기 말을 걸었

석굴암을 1:2:3:4로 나누어 놓은 모습

어요.

"너! 석굴암에 숨겨져 있는 수학의 비밀을 아니?"

"내가 그걸 어떻게 알아?"

"석굴암의 본존불상은 균제비례를 이루고 있어."

'또 잘난 척하는군!' 하고 생각했지만 수학이의 이야기를 듣고 싶었어요. 그래서 다시 물어보았어요.

"균제비례? 그게 뭔데?"

"아! 균제비례란 사람 몸에서 가장 아름다움과 안정감을 주는 비율이야."

"그럼, 그 균제비례가 석굴암에 있단 말이지?"

"그래. 너도 수학을 좋아하는구나! 석굴암의 본존불상을 보면 얼굴 너비는 당시 사용하였던 자로 2.2자, 가슴 폭은 4.4자, 어깨 폭은 6.6자, 양 무릎의 너비는 8.8자로 만들어졌어. 이것을 비로 나타내면 2.2 : 4.4 : 6.6 : 8.8로 나타낼 수 있지. 이것을 우리가 배운 것을 이용하여 간단한 자연수의 비로 나타내면 얼굴 : 가슴 : 어깨 : 무릎=1 : 2 : 3 : 4로 나타낼 수 있어. 그래서 석굴암이 아름다워 보이는 거야."

수학이의 이야기를 들으니 석굴암이 새로워 보였어요.

저렇게 큰 불상을 만들기도 어려울 텐데, 수학적 비례까지 맞췄다는 이야기를 들으니 석굴암을 만든 우리의 조상이 정말 위대해 보여요.

"그런데 수학아, 너는 어떻게 그렇게 잘 아니?"

"너도 알잖아. 내가 수학을 좋아하는 거. 그래서 수학과 관련된 책도 많이 읽고 공부를 했지. 그래서 알고 있는 거야. 수학은 단순히 계산만 하는 것이 아니야. 생활 속에서도 재미있는 수학이 많이 있어. 생활 속에 있는 수학을 공부하다 보면 수학이 더 재미있어져. 그래서 수학을 좋아하게 된 거야."

"그래? 나는 수학이 어려운데. 네 이야기를 들으니 나도 생활 속에 있는 수학을 공부해 보고 싶은 생각이 들어. 그럼 수학이 재미있어지려나?"

우리는 석굴암에 관련된 수학 이야기를 하면서 버스가

있는 곳으로 내려왔어요.

캄캄한 저녁이 되어서야 숙소에 도착해서 방을 배정해 주셨어요. 그리고 각자 짐을 가지고 배정 받은 방으로 갔어요. 집을 떠나서 친구들하고 자는 게 처음인 우리들은 너무나 설레고 신이 났어요. 시장이 반찬이라 저녁 맛도 꿀맛이었죠.

저녁을 먹고 레크리에이션을 위해 강당에 모였습니다.

우리는 모두 레크리에이션에 푹 빠져 있었어요. 배구공

패스도 하고, 전기 게임도 하고, 신나는 음악에 맞춰 춤도 추고, 선생님이 퀴즈를 내서 맞히면 상품도 주고 정말 재미있었어요.

레크리에이션이 끝나고 각자 방으로 갔어요. 선생님은 내일을 위해 일찍 자두라고 하셨지만 처음 친구들과 자는 거라서 우리는 밤새 놀기로 굳은 결심을 했죠. 우리는 몰래 놀기로 계획을 세운 뒤 불을 끄고 조용히 친구들과 어두운 방에서 놀았어요. 전기 게임도 하고, 친구들과 무서운 귀신 얘기도 했죠. 가장 기억에 남을 일은 그 다음이에요. 너무 피곤해서인지 빨리 잠이 들어버린 수학이 얼굴에 누가 먼저랄 것도 없이 그림을 그리면서 장난을 치기 시작했어요. 너무 한 것 같았지만 '이번이 아니면 언제 해 보겠어? 수학이도 이해해 주겠지'라는 마음에 그냥 그림을 그렸어요. 그러고 나서 모두들 오랜 시간 차를 타고 피곤했는지 스르르 잠이 들었답니다.

"으악~! 누구야? 누가 내 얼굴에?"

어제 일찍 잠이 든 탓에 아침에 가장 먼저 일어난 수학이가 느낌이 이상했는지 거울을 보고 소리를 질렀어요. 다들 일어났지만 미안했는지 자는 척했습니다.

"미안, 그냥 장난치려고 한 건데. 내가 좀 심한 것 같아."

단짝인 내가 먼저 사과를 해야 할 것 같았어요.

마음이 넓은 수학이는 씩씩거리면서도 세수하면 된다면서 이해해 주었어요. 미안한 마음이 들어서 오늘은 하루 종일 수학이에게 잘 해줘야겠다고 생각했죠.

"모두들 잘 잤어요?"

"예." "아니오."

여기저기 신이 나서 다시 떠들어대는 아이들도 있고, 어제 못 잔 잠을 보충하려는지 차에 타자마자 다시 잠이 든 친구들도 있었죠.

"오늘은 많은 곳을 둘러볼 거예요. 힘들겠지만 재미있게 다니기 바라요. 우선 가장 먼저 갈 곳은 신라역사과학관이에요. 신라역사과학관은 신라 시대부터 조선의 세종 시대까지의 과학 기술을 연구하여 모형으로 다시 만들어 청소년들이 쉽게 알 수 있도록 1998년 10월 15일에 만들어졌어요. 이곳은 경주를 찾는 어린이와 청소년에게 민족 과학의 뿌리를 알려 주려고 만들어졌지요."

"와! 그럼 우리 조상들의 과학 원리를 알 수 있겠네요?"

"그래요. 여기에는 우리 조상들이 만들었던 과학 작품들을 원래 크기 또는 축소 모형으로 볼 수 있어요. 더군다나 제작 과정까지 알 수 있답니다."

선생님의 설명을 들으면서 한참을 가니 과학관에 도착했어요. 과학관은 너무 작아서 한꺼번에 들어가지 못하고 몇 반씩 순서대로 들어갔어요.

과학관 안을 구경하면서 우리 조상들의 과학 기술을 보고 놀랍기만 했어요. 지금처럼 기계가 발달한 것도 아닌데 그렇게 훌륭한 과학 발명품들을 만들 수 있었다니 정말 대단하다는 생각이 들었어요. 그리고 첨성대라던가 석굴암 같은 곳에 가 보면 가까이에서 볼 수도 없고 안을 들여다 볼 수도 없는데, 여기서는 이러한 것들을 축소시켜서 모형으로 만들어 놓았기 때문에 전체적인 모습뿐만 아니라 내부 구조까지도 볼 수 있게 만들어서 너무 좋았어요.

다음에 있는 사진은 신라역사과학관에 전시되어 있는 축소 모형들이에요.

과학관을 다 둘러보고 다시 버스에 올랐어요.

"어제는 석굴암을 보고 오늘은 석굴암 축소 모형을 보았는데 느낌이 어떤가요?"

"석굴암은 밖에서 잠깐 봐서 그냥 그랬는데, 여기서 축소 모형으로 전체적인 것을 자세히 보고, 내부 구조도 볼 수 있어서 석굴암에 대해서 이제 좀 알 거 같아요."

신라역사과학관 관람을 끝마치고 우리는 문무대왕수중릉을 보았어요. 그리고 돌아와서 점심을 먹었습니다. 아침에는 잠이 덜 깨어서 밥맛이 없었는데, 점심 때는 많이 돌아다녀서인지 아주 맛있었습니다. 점심을 먹고 나서 가장 먼저 간 곳은 대릉원과 천마총이에요. 천마총은 천마도가 발견되어서 천마총이라고 이름을 지었다고 하네요. 천마총을 다 보고 나온 우리들은 다시 걷기 시작했어요.

"이번에 볼 것은 여러분도 알고 있는 유명한 첨성대예요."

우리는 첨성대 주위에 둘러서서 선생님 설명을 들었어요.

"첨성대는 무엇을 하는 곳인가요?"

"하늘을 관측하는 곳이에요."

"맞아요. 그럼 선생님이 첨성대에 대해서 좀 더 자세히 설명해 줄게요. 신라 시대에 별의 움직임을 관찰하던 곳으로 국보 제31호로 지정되어 있어요. 동양에서 현존하는 가장 오래된 것으로 알려져 있습니다. 그러나 첨성대의 용도를 다르게 보는 사람들도 있어요. 제사를 지내는 제단이나 절기를 측정하는 기구 또는 불교에서 말하는 수미산을 본떠 만든 건축물이라고 보는 사람들도 있지요."

"와, 역시 우리 선생님이에요."

"뭘, 이 정도 가지고~. 첨성대는 무엇보다 수학과 관련된 내용들이 많이 있다고 해요. 둥근 하늘과 네모난 땅을 상징하는 원과 사각형을 적절히 조화시켜 만들었다고 하는데 아래의 받침과 꼭대기, 창문 모양을 보세요. 어떤 모양을 하고 있나요?"

"네모난 모양이에요."

"그래요. 좀 더 수학적으로 얘기하자면 정사각형 모양을 하고 있지요? 특히 창문은 한 변이 1m인 정사각형을 이루고 있어요. 그리고 몸통은 원 모양을 하고 있지요."

"선생님, 또 다른 것들도 있나요?"

"그럼요. 아직 많아요. 첨성대의 몸체를 쌓은 돌의 개수가 몇 개일까요?"

"모르겠어요. 그걸 지금 어떻게 세요?"

"첨성대는 총 362개의 돌로 쌓아 올렸어요. 이것은 1년을 음력으로 계산한 날의 수와 같다고 해요. 또 둥글게 쌓은 몸통의 단은 모두 몇 단일까요?"

"27단이요."

"오, 대단한데요. 어떻게 알았어요?"

"방금 세어 보았어요."

"그래요. 첨성대는 모두 27단으로 되어 있어요. 이것과 맨 꼭대기의 우물 정자 모양의 단을 합하면 28단이 됩니다. 이것은 동양의 기본 별자리인 28수를 뜻하기도 해요. 그리고 꼭대기 돌의 각 면은 정확히 동서남북을 향하고 있어요. 특히 첨성대에 나 있는 창문은 정확히 남쪽을 향하고 있지요."

우리는 선생님 설명을 들으면서 이렇게 많은 사실들이

숨겨져 있다는 것에 놀랐습니다. 설명이 다 끝나자 선생님이 큰 소리로 외치셨어요.

"첨성대 앞에서 우리 반 단체 사진 한번 찍을까요? 모두 선생님 앞으로 오세요."

우리 반은 이렇게 해서 첨성대 앞에서 단체 사진을 찍었어요.

첨성대에서 사진을 찍은 후 우리는 다시 걷기 시작했어요. 한참을 걸어서 도착한 곳은 호수였어요.

"이곳이 우리가 관람할 곳이에요."

"선생님, 호수잖아요."

"그런데 이건 그냥 호수가 아니라 인공호수예요. 다시 말해서 자연적으로 생긴 호수가 아니라 사람이 직접 만든 호수이지요."

"예? 이렇게 큰 호수를 사람이 만들었다고요? 그것도 오랜 옛날에요?"

"그래요. 놀랍죠? 이것을 만드느라 고생한 사람들을 생각해 보세요. 얼마나 힘들었을까요? 그럼 이 호수의 이름을 아는 사람 있나요?"

"아니요. 선생님이 안 가르쳐주셨어요."

"그런가요? 이 호수의 이름은 안압지예요. 이곳은 신라 문무왕 때 궁 안에 못을 파고 산을 만들어 화초를 심고 귀한 새와 짐승들을 길렀던 곳이에요. 왕들이 연회를 즐기거나 귀한 손님을 접대할 때 사용되었어요."

"옛날 왕들은 좋았겠어요? 이런 호수도 마음대로 만들고. 그런데 선생님, 이 호수의 이름이 왜 안압지예요?"

"이 호수의 원래 이름은 월지였는데, 조선 시대에 폐허가

된 이곳에 기러기와 오리가 날아들어 안압지라고 부르게 되었어요."

"선생님, 호수가 동그랗지 않고 특이하게 생겼어요."

"그래요. 안압지는 특이한 구조로 되어 있어요. 조금 있다가 호수를 돌면서 반대편을 보세요. 어느 위치에서 봐도 반대쪽 끝이 보이지 않을 거예요. 그리고 무엇보다 여기가 유명한 것은 호수에 비치는 그림자 때문이에요."

"그림자가 어떻기에 유명해요?"

"호수를 한번 보세요. 무엇이 보이죠?"

실물과 그림자가 대칭을 이뤄 아름다움을 더하는 안압지

"와! 건물들하고 나무가 똑같이 비춰지고 있어요. 신기해요!"

"그래요. 여기는 호수에 비춰지는 건물과 나무의 그림자가 너무 선명해서 실제 건물과 나무와 대칭을 이루는 모습을 하고 있어요. 자연 속에서의 대칭은 아름다움을 표현한다는 것을 배웠잖아요. 여기 안압지에서는 대칭의 아름다움을 볼 수 있어요."

"수업 시간에 배웠던 것을 이런 곳에서 볼 수 있다니 놀라워요."

아름다운 호수의 대칭을 보고 나서 우리는 안압지를 뒤로 하고 다음 행선지인 국립경주박물관으로 향했습니다. 국립경주박물관이 오늘의 마지막 일정이었습니다.

국립경주박물관을 관람하고 숙소로 가려고 다시 버스에 올랐습니다.

"오늘 힘들었나요?"

"예. 너무 많이 걸어서 힘들어요. 빨리 쉬고 싶어요."

"그렇지만 오늘은 수학여행의 하이라이트인 반별 장기자랑이 있는데요."

"와!"

다들 힘들어 보이긴 하지만 수학여행 한 달 전부터 준비한 우리의 장기자랑을 생각하니 힘이 나는 모양입니다. 몇몇 학생들은 방과 후에 모여 열심히 준비했기 때문에 오늘 저녁만 기다리는 친구들도 있었거든요. 저녁을 먹는 둥 마는 둥 친구들과 의상 준비에, 간단한 소품까지 방에 모여서 다시 한 번 맞춰 보고 결전의 날을 기다리는 장수처럼 다들 비장한 각오를 하고 있었죠.

드디어 반 별 장기자랑 대회가 시작되었습니다.

조명까지 번쩍번쩍 정말 신인가수가 첫 무대를 기다리는 듯한 초조함도 밀려왔지만 열심히 했기 때문에 실수만 하지 말자고 서로 용기를 북돋워 주었어요.

“이럴 땐 정말 반 순서대로 하는 게 너무 싫다. 두세 번째 하는 게 나을 텐데. 기다리기도 힘들고, 그렇지 않냐?”

홍기가 한 마디 하자 모두 동의했어요. 1반 친구들도 꽤 잘 하고, 4반 친구들도 실수한 것 빼고는 멋졌어요. 점점 우리 차례가 다가오자 숨이 멈출 듯 떨렸답니다. 이미 무대는 자기 반을 응원하느라 아이들의 꺅꺅거리는 괴성 가까운 소리에 분위기는 많이 흥분되어 있고, 어디서들 준비했는지 야광봉을 들고 있는 애들도 꽤 눈에 띄었답니다.

레크리에이션 사회자 아저씨가 다음 차례엔 8반을 외치자 우린 약속이나 한 것처럼 무대로 뛰어나갔죠. 처음 무대에 서는 거라 떨리기도 했지만 음악이 나오자 신이 나서 춤을 추기 시작했어요. 민균이가 실수만 좀 하지 않았다면 더 완벽했을 텐데 하는 아쉬움이 남지만 무대를 내려올 때는 뿌듯한 마음이었어요.

"휴, 떨렸지만 그래도 괜찮았지?"

다들 땀에 흠뻑 젖어 있었지만 마음만은 개운했어요.

"우리 반 애들이 응원을 많이 해줘서 고맙더라."

"맞아! 결과가 좋으면 더 좋을 텐데……."

우리끼리 이런저런 얘기를 하고 있는데 레크리에이션 사회자 아저씨가 뭐라고 하셨는지 그 말이 떨어지기가 무섭게 우리 반 아이들이 환호성을 지르기 시작했어요.

"뭐야? 우리? 우리라고? 우리 맞아?"

"정말?"

모두들 우리 쪽을 쳐다보는 느낌이었죠.

"야, 우리 반 1등이래. 빨리 나가."

우린 무대에서 내려 온 지 얼마 되지 않은 것 같은데 또 다시 박차고 뛰어나갔어요.

선물이 커다란 과자 한 봉지뿐이어서 사실 마음속으로는 좀 실망했지만 그래도 1등이니까 기쁜 마음을 안고 숙소로 돌아왔어요.

"너희 연습 때보다 더 잘 하더라."

옆에 있는 수학이가 칭찬해 주었죠.

"응, 고마워."

다들 오늘 밤만은 절대 잊을 수 없을 것 같아요. 사실 이번 수학여행 일정 중에 다른 문화재 관람도 기억에 남을 테지만 오늘 밤이 가장 기억에 남을 행복한 밤이었거든요.

이런 설레는 마음에 잠도 오지 않고, 친구들하고 수학여행에서의 마지막 밤이라는 생각을 하니 아쉬움이 밀려왔어요. 그래서 선생님에게 놀다가 잘 수 있게 허락을 받으러 갔더니 선생님께서 조금만 놀다 자라고 허락해 주셨어요.

"선생님, 감사합니다."

"내일을 위해서 조금만 놀다가 잘 수 있도록 해요."

우리는 피곤했는지 조금 놀다가 모두 잠들어 버렸어요. 아침이 되자 선생님께서 깨우는 소리에 모두들 일어나서 씻고 아침을 먹고 짐을 챙겨서 버스에 올라탔어요. 여행이 힘들었는지, 잠을 안 자고 놀아서 그런지 모두들 지쳐 있는 모습이었어요. 모두 자리에 앉자 선생님께서 말씀하셨어요.

"오늘은 집으로 돌아가는 날입니다. 돌아가기 전에 자동차 공장과 조선소를 보고 갈 거예요. 울산에 있는 자동차 공장은 여의도의 1.5배나 되는 크기이고 하루에 5,600대의 차량을 생산하고 있어요. 그리고 단일공장으로 세계 최대 규모를 자랑하는 우리나라 자동차 산업의 자랑이지요. 조선소는 세계 최대, 최고를 자랑하는 조선소예요."

선생님께서 설명을 마치시고 한참을 더 가서 자동차 공장에 도착했습니다. 우리는 거기서 자동차가 만들어지는 과정들을 보았습니다. 자동차는 사람과 기계가 같이 작업을 해서 만들어지고, 만들어지는 과정도 굉장히 복잡하다는 것을 알게 되었습니다. 자동차 공장을 보고나서 조선소를 갔는데 엄청나게 큰 배들이 많이 있었습니다. 여기서 배가 만들어지는 과정을 보았는데 너무 힘들어 보였습니다. 조선소는 너무 커서 우리가 타고 온 버스를 타고 관람을 해야 했답니다. 조선소를 끝으로 우리의 수학여행 일정은 모두 끝났습니다.

"이제 우리의 여행은 끝났습니다. 재미있었나요?"

"예. 재미있었어요. 다시 또 와요."

수학여행에서 지친 우리들은 집으로 오는 내내 버스에서 잠이 들었습니다.

이번 수학여행은 재미있게 놀기도 하고 배운 것도 많이 있었던 여행이었습니다.